国家职业技能鉴定理论知识考试复习指导丛书

制图员

（中级）

劳动和社会保障部
职业技能鉴定中心　组织编写

中国财政经济出版社

图书在版编目（CIP）数据

制图员．中级/劳动和社会保障部职业技能鉴定中心组织编写．—北京：中国财政经济出版社，2006.1
（国家职业技能鉴定理论知识考试复习指导丛书）
ISBN 7-5005-8849-6

Ⅰ．制…　Ⅱ．劳…　Ⅲ．工程制图—职业技能鉴定—自学参考资料　Ⅳ．TB23

中国版本图书馆 CIP 数据核字（2005）第 148734 号

中国财政经济出版社出版

URL：http：//www. cfeph. cn

E-mail：cfeph @ cfeph. cn

社址：北京市海淀区阜成路甲 28 号　邮政编码：100036

发行处电话：88190406　财经书店电话：64033436

北京富生印刷厂印刷　各地新华书店经销

850×1168 毫米　32 开　5.75 印张　110 000 字

2006 年 3 月第 1 版　2006 年 3 月北京第 1 次印刷

印数：1—3000　定价：14.00 元

ISBN 7-5005-8849-6/TB・0010

（图书出现印装问题，本社负责调换）

国家职业技能鉴定理论知识考试复习指导丛书

编审委员会

制图员

（中级）

主　　编：苑国强　范波涛

副 主 编：孙泽涛　刘　慧　张　明

参编人员：（按姓氏笔画）

丁文花　王中豫　刘　慧

孙泽涛　张　明　张培中

范波涛　苑国强

主　　审：李绍珍

前　言

为提高职业技能鉴定质量，维护国家职业资格证书的权威性，按照《职业技能鉴定规定》要求，国家职业技能鉴定实行统一命题。为此，劳动和社会保障部组织开发建设了职业技能鉴定国家题库（以下简称“国家题库”），全国各地、各行业有关专家参与了国家题库开发工作，1999 年国家题库正式启用。目前各省、自治区、直辖市地方分库和部分行业分库作为国家题库运行管理机构，也经过劳动和社会保障部认证，陆续开始运行。

根据劳动和社会保障部《关于启用职业技能鉴定国家题库的通知》，各地区、各部门在组织进行国家题库中已有职业（工种）鉴定时，必须从国家题库中提取。

为配合国家题库运行、使用，便于培训机构有效地组织培训，帮助考生了解国家题库，使他们能够有针对性地进行考前复习准备，劳动和社会保障部职业技能鉴定中心组织参与国家题库开发的命题专家，编写了与国家题库理论知识题库配套的《国家职业技能鉴定理论知识考试复习指导丛书》（以下简称《复习指导丛书》），并根据国家题库开发进度陆续出版发行。

在1999年版基础上，我们对《复习指导丛书》进行了修改补充改版。为帮助考生了解职业技能鉴定理论知识考试的内容、范围、考试形式和试卷结构，使考生在复习和应考时心中有数，有的放矢，目前《复习指导丛书》由“国家题库简介及复习要求”、“理论知识考试重点”、“理论知识考试复习指导”、“理论知识试题精选”和“理论知识试卷样例”等五个部分组成。书中介绍了国家题库的命题依据、试卷结构和题型题量，公布了近几年职业技能鉴定的重点内容，讲解了理论知识复习重点或难点，同时直接从国家题库中抽取部分理论知识试题和试卷样例供考生参考、练习。因此，《复习指导丛书》对广大参加职业技能鉴定的考生有重要的参考价值，是理论知识考前复习必备用书。《复习指导丛书》内容还将根据国家题库的不断更新，逐步进行补充、完善。

本《制图员理论知识考试复习指导丛书》在编写过程中得到了山东省职业技能鉴定指导中心的大力支持，在此一并表示感谢。

由于时间仓促，缺乏经验，难免有不足之处，恳请各使用单位和个人提出宝贵意见和建议。

《国家职业技能鉴定理论知识考试复习指导丛书》
编审委员会
2003年12月

目 录

第一章　国家题库简介及复习要求

一、国家题库简介

（一）什么是国家题库

◎ 全称是“职业技能鉴定国家题库”；

◎ 劳动和社会保障部组织开发的用于全国职业技能鉴定的统一题库；

◎ 全国职业技能鉴定在进行国家题库中已有职业的考试或考核时，一律使用计算机从国家题库中抽取试题，组成试卷。

（二）国家题库权威性

◎ 由劳动和社会保障部组织专家开发；

◎ 本职业领域全国高水平专家参与命题。

（三）为什么要建立职业技能鉴定国家题库

◎ 有利于规范全国职业技能鉴定行为，保证职业技能鉴定质量；

◎ 有利于统一全国职业技能鉴定水平，为从业者择业、就业提供公平、客观的能力水平评价。

（四）国家题库的主要内容

◎ 理论知识题库每个职业含几千道试题。考试复习时可参考《国家职业技能鉴定理论知识考试复习指导丛书——制图员（中级）》；

◎ 操作技能题库根据职业特点，由涉及职业活动领域的若干试题组成。试题通过《职业技能鉴定国家题库——制图员（中级）操作技能考试手册》向全社会公布。

二、试题试卷简介

（一）命题依据

◎ 劳动和社会保障部 2002 年颁布的制图员《国家职业标准》；

◎ 劳动和社会保障部组织编写的制图员《国家职业资格培训教程》；

◎《理论知识鉴定要素细目表》明确了理论知识考试的具体内容。

（二）命题原则

◎ 反映本职业《国家职业标准》要求；

◎ 强调本职业实际工作中必备的知识；

◎ 不出偏题、怪题和难题。

（三）试题类型

理论知识考试采用标准化试卷，即每个级别考试试卷分为“选择题”和“判断题”两大类，满分100分。

◎“选择题”160题，每题0.5分，共占80分；

◎“判断题”40题，每题0.5分，共占20分。

（四）答题时间

按《国家职业标准》，理论知识考试时间为120分钟。

（五）答题要求

◎ 选择题为四选一题型，即试题中给出的四个选项中，只有一项为正确选项。纸笔考试时，按要求在试题前面的括号中，填写正确选项的字母；

◎ 判断题采用纸笔考试时，根据对试题的分析判断，在括号中画“√”或“×”；

◎ 采用答题卡答题时，按要求，直接在答题卡相应的答案处涂色即可；

◎ 采用计算机考试时，按要求，点击选定的答案即可。

具体答题要求，在考试前，考评人员会做详细说明。

（六）试卷生成方式

◎ 国家题库采用计算机自动生成试卷：即计算机按照本职业的《理论知识鉴定要素细目表》，从题库中随机抽取相应试题，组成试卷；

◎ 这种组卷方式，避免了以往人为影响试卷难度和试卷内容范围的倾向；

◎ 试卷的题型、题量和所涉及的范围保持相对稳定；

◎ 有利于考生把握复习的要点和重点。

三、复习注意事项

（一）阅读《国家职业技能鉴定理论知识考试复习指导丛书》（以下简称《丛书》），理解其中各项内容

◎《丛书》向考生提供了鉴定考核的重点内容，对考生把握重点，理解难点提供了详略得当的具体指导；

◎ 书中的试题精选和试卷样例均是从国家题库中抽取的，直接反映了考试内容的特点和题型特征；

◎ 考生可以了解国家题库考试重点和试题试卷特点，掌握要领，心中有数。

（二）抓住重点，全面复习

◎ 职业技能鉴定的基本目标就是为了提高劳动者素质；

◎ 职业技能鉴定以基础和必备的知识或能力考核为主要出发点和归宿；

◎《理论知识鉴定要素细目表》是《国家职业标准》的细化，是命题的直接依据；

◎ 考生在复习中要善于抓住重点，进行全面复习，对基本要领要记忆准确、理解透彻、运用熟练，并且还要在复习范围的“广”字上下功夫；

◎ 考生应对本书中的试题精选和试卷样例进行认真做答和练习，如果发现自己哪一题解答有困难，应该立即检查，发现问题所在，及时解决每个难点和问题。

（三）降低焦虑水平，做好心理调节

◎ 影响个人在考场上心理状态的因素很多，如当时的心情和身体状况、考试经验以及期待水平等等；

◎ 参加任何一种考试，都应保持良好的心理状态。力戒焦虑，是取得好成绩的关键因素之一；

◎ 需要指出的是：动机水平过高，行为就要受到干扰，也就是说，如果太想做好某件事，反而可能达不到目标；

◎ 考生应根据自己的实力，订立一个切实可行的期待目标，这是降低考试焦虑水平行之有效的一种方法。

第二章 理论知识考试重点

一、考试重点说明

◎《理论知识鉴定要素细目表》既是国家题库命题和抽题组卷依据，同时也是考试的重点。

◎《理论知识鉴定要素细目表》是按照国家职业标准的结构和内容细化而成，表中的鉴定点就是理论知识考试的知识点。

◎《理论知识鉴定要素细目表》中，每个鉴定点都有重要程度指标，即鉴定点后标注的“X”、“Y”、“Z”。其中：

“X”表示“核心要素”，是考核中最重要、出现频率也最高的内容；

“Y”表示“一般要素”，是考核中出现频率一般的内容；

“Z”表示“辅助要素”，在考核中出现的频率较低。

◎《理论知识鉴定要素细目表》中，每个鉴定内容都有鉴定比重指标，它表示在一份考试卷中该鉴定内容所占的分数比例。例如，某一鉴定内容的鉴定比重为5，就表示在组成100分为满分的试卷中，该鉴定内容所占分值为5分。

◎ 制图员职业按国家职业标准划分，分为“机械类”和“土建类”，考生复习时可根据本人实际情况进行选择，本《丛书》的“理论知识鉴定要素细目表”、“理论知识试题精选”和“理论知识试卷样例”三部分皆按“机械类”和“土建类”进行了划分。

二、理论知识鉴定要素细目表

制图员（中级）理论知识鉴定要素细目表（机械类）

鉴定范围									鉴定点		
一级			二级			三级					
代码	名称	鉴定比重	代码	名称	鉴定比重	代码	名称	鉴定比重	代码	名称	重要程度
A	基本要求（39：04：00）	20	A	职业道德（09：01：00）	5	A	基本知识（06：00：00）	3	001	道德的含义	X
									002	职业道德的含义	X
									003	职业道德和社会道德的关系	X
									004	职业道德的作用	X
									005	职业道德的种类	X
									006	制图员的职业道德	X
						B	职业守则（03：01：00）	2	001	忠于职守，爱岗敬业	X
									002	讲究质量，注重信誉	X
									003	积极进取，团结协作	X
									004	遵纪守法，讲究公德	Y
			B	基础知识（30：03：00）	15	A	制图的基本知识（15：03：00）	8	001	制图国家标准（以下简称国标）GB/T14689—1993 中 5 种基本幅面尺寸的规定	X
									002	国标 GB/T14689—1993 中图框格式的种类	X
									003	国标 GB/T14689—1993 中标题栏位置的规定	X
									004	国标 GB/T14691—1993 中汉字字宽的规定	X
									005	国标 GB/T14691—1993 中斜体字字型倾斜程度的规定	Y
									006	机械制图中常用的 8 种图线名称	X
									007	在机械制图中细点画线的一般用途	X
									008	两图线相交时画图的注意事项	Y
									009	尺寸组成的要素	X
									010	尺寸线的终端形式	X
									011	绘制尺寸界线的注意事项	X
									012	绘制尺寸线的注意事项	X
									013	填写尺寸数字时的注意事项	X
									014	圆的尺寸标注方法	X
									015	角度尺寸标注时的注意点	X
									016	铅笔的使用方法	X
									017	使用圆规画圆的方法	X
									018	圆规使用铅芯的硬度规格	Y

续表

鉴定范围									鉴定点		
一级			二级			三级					
代码	名称	鉴定比重	代码	名称	鉴定比重	代码	名称	鉴定比重	代码	名称	重要程度
A	基本要求(39：04：00)	20	B	基础知识(30：03：00)	15	B	投影法的基本知识(05：00：00)	2	001	投影法的分类	X
									002	中心投影法的定义	X
									003	平行投影法的定义	X
									004	工程上常用的投影	X
									005	斜投影的定义	X
						C	计算机绘图的基本知识(04：00：00)	2	001	典型微型计算机绘图系统的硬件构成	X
									002	常用的计算机绘图软件	X
									003	计算机图形输入、输出设备的名称	X
									004	常用计算机绘图的方法	X
						D	专业图样的基本知识(04：00：00)	2	001	零件图的内容	X
									002	零件按结构特点所分的类型	X
									003	装配图的内容	X
									004	装配图的作用	X
						E	相关法律、法规知识(02：00：00)	1	001	劳动合同的概念	X
									002	工资包括的范围	X
B	相关知识(148：13：00)	80	A	绘制二维图(94：07：00)	50	A	手工绘图(54：06：00)	30	001	点的两面(V、H)投影规律	Y
									002	点在V、H投影面中的标记代号	Y
									003	点的正面投影反映的坐标	X
									004	点的水平面投影反映的坐标	X
									005	空间直线与投影面的相对位置关系	X
									006	投影面平行线的定义	X
									007	投影面垂直线的定义	X
									008	一般位置直线的定义	X
									009	投影面平行面的定义	X
									010	投影面垂直面的定义	X
									011	一般位置平面的定义	X
									012	新投影面选择条件	X
									013	点的投影变换规律	X
									014	一般位置直线变换为投影面平行线时，新投影轴的设立原则	X
									015	平行线变换为投影面垂直线时，新投影轴的设立原则	X
									016	一般位置平面变换为投影面垂直面时，新投影轴的设立原则	X
									017	垂直面变换为投影面平行面时，新投影轴的设立原则	X
									018	斜度的标注	X
									019	锥度的标注	X
									020	圆弧连接的作图要点	X

续表

鉴定范围									鉴定点		
一级			二级			三级					
代码	名称	鉴定比重	代码	名称	鉴定比重	代码	名称	鉴定比重	代码	名称	重要程度
B	相关知识（148：13：00）	80	A	绘制二维图（94：07：00）	50	A	手工绘图（54：06：00）	30	021	已知椭圆长、短轴的大小，精确画椭圆的方法	X
									022	三视图的形成原理	X
									023	平面基本体的特征	X
									024	曲面基本体的特征	X
									025	球面体的形成特点	X
									026	截交线的定义	Y
									027	圆柱体截交线的种类	X
									028	圆锥体截交线的种类	X
									029	球体截交线的形状	X
									030	截平面平行于圆柱轴线时，截交线的几何形状	X
									031	截平面垂直于圆柱轴线时，截交线的几何形状	X
									032	截平面倾斜于圆柱轴线时，截交线的几何形状	X
									033	截平面通过圆锥锥顶时，截交线的几何形状	X
									034	截平面垂直于圆锥轴线时，截交线的几何形状	X
									035	截平面平行于圆锥轴线时，截交线的几何形状	X
									036	相贯线的定义	X
									037	相贯线的性质	X
									038	两圆柱正交直径不等时相贯线的几何形状	X
									039	圆柱与圆锥正交圆柱穿过圆锥时相贯线的几何形状	X
									040	圆柱与球相交，且轴线通过球心时，相贯线的几何形状	X
									041	圆锥与球相交，且轴线通过球心时，相贯线的几何形状	X
									042	求相贯线的基本方法	X
									043	用辅助平面法求相贯线时，辅助平面的选取原则	X
									044	组合体的组合形式	X
									045	组合体尺寸标注的要求	X
									046	视图中线框的含义	X
									047	视图中图线的含义	X
									048	读组合三视图基本方法的名称	X
									049	六个基本视图的投影关系	X
									050	六个基本视图的配置位置	X
									051	局部视图的定义	X
									052	斜视图的定义	X

续表

鉴定范围									鉴定点		
一级			二级			三级					
代码	名称	鉴定比重	代码	名称	鉴定比重	代码	名称	鉴定比重	代码	名称	重要程度
B	相关知识(148：13：00)	80	A	绘制二维图(94：07：00)	50	A	手工绘图(54：06：00)	30	053	斜视图的标注方法	X
									054	斜视图的应用场合	X
									055	剖视图的种类	Y
									056	剖视图中剖切面的形式	Y
									057	剖视图的标注方法	Y
									058	断面图的种类	X
									059	移出断面图按剖视图绘制的规定	X
									060	重合断面图的画法	X
						B	计算机绘图(10：00：00)	5	001	目标(工具点)捕捉的作用	X
									002	目标(工具点)捕捉的内容	X
									003	图层的特点	X
									004	图层的状态	X
									005	当前层的概念	X
									006	视窗缩放与编辑缩放的区别	X
									007	另存文件的含义	X
									008	正交方式的意义	X
									009	栅格、捕捉的作用	X
									010	计算机绘图软件的查询功能	X
						C	手工绘制专业图(30：01：00)	15	001	常用的螺纹紧固件	X
									002	装配图中螺纹紧固件画法的规定	X
									003	螺栓连接的应用场合	X
									004	螺栓的比例画法	X
									005	螺母的比例画法	X
									006	平垫圈的比例画法	X
									007	螺柱连接的应用场合	X
									008	画螺柱连接装配图的注意事项	X
									009	画螺钉连接装配图的注意事项	X
									010	叉架类零件的结构特点	X
									011	叉架类零件的常用表达方案	X
									012	叉架类零件尺寸基准的选择	X
									013	箱壳类零件的结构特点	X
									014	箱壳类零件的常用表达方案	X
									015	箱壳类零件尺寸基准的选择	X
									016	零件图中铸造圆角的尺寸注法	X
									017	零件图中退刀槽的尺寸注法	X
									018	用钻头加工不通孔的画法	X
									019	管螺纹的标注方法	X
									020	梯形螺纹的标注方法	X
									021	表面粗糙度参数“轮廓算术平均偏差”的代号	X
									022	表面粗糙度代号在图样中标注的位置	X

续表

鉴定范围									鉴定点		
一级			二级			三级					
代码	名称	鉴定比重	代码	名称	鉴定比重	代码	名称	鉴定比重	代码	名称	重要程度
B	相关知识 (148：13：00)	80	A	绘制二维图 (94：07：00)	50	C	手工绘制专业图 (30：01：00)	15	023	表面粗糙度代号中数字的方向	X
									024	具有相同表面特征零件表面粗糙度的标注方法	X
									025	尺寸公差中极限尺寸的定义	X
									026	尺寸公差中极限偏差的定义	X
									027	配合的定义	X
									028	配合的种类	X
									029	配合基准制的种类	X
									030	尺寸公差中公差带的组成要素	X
									031	零件图上尺寸公差的标注形式	Y
			B	绘制三维图 (45：05：00)	25	A	描图 (09：01：00)	5	001	斜二轴测图的概念	X
									002	斜二轴测图的轴间角	X
									003	斜二轴测图的轴向变形系数	X
									004	斜二轴测图中与坐标面平行的圆的画法	X
									005	斜二轴测图中椭圆的画法	X
									006	正二轴测图的概念	X
									007	正二轴测图的轴间角	X
									008	正二轴测图的轴向变形系数	Y
									009	正二轴测图轴间角简化变形系数	X
									010	正二轴测图中椭圆的画法	X
						B	手工绘制轴测图 (36：04：00)	20	001	轴测图的投影特性	X
									002	轴测图轴间角的概念	X
									003	正等轴测图中轴间角的确定方法	X
									004	正等轴测图轴向变形系数的形成	X
									005	正等轴测图中轴向变形系数的确定	X
									006	常用轴测图的画法	X
									007	椭圆的长短轴方向	X
									008	四心法画椭圆时圆心的求法	Y
									009	阅读及描绘正等轴测图的方法	X
									010	轴测图尺寸注法	X
									011	轴测剖视图的画法	X
									012	轴测剖视图与剖视图的关系	X
									013	绘制正等轴测图的一般步骤	X
									014	绘制正等轴测图的方法	X
									015	使用基面法绘制正等轴测图的场合	X
									016	基面法绘制正等轴测图的方法	X
									017	使用叠加法绘制正等轴测图的场合	X
									018	叠加法绘制正等轴测图的方法	Y
									019	使用切割法绘制正等轴测图的场合	X

续表

鉴定范围									鉴定点		
一级			二级			三级					
代码	名称	鉴定比重	代码	名称	鉴定比重	代码	名称	鉴定比重	代码	名称	重要程度
B	相关知识 (148∶13∶00)	80	B	绘制三维图 (45∶05∶00)	25	B	手工绘制轴测图 (36∶04∶00)	20	020	切割法绘制正等轴测图的方法	X
									021	轴测剖视图的概念	X
									022	画轴测剖视图时剖切平面的选择方法	X
									023	画轴测剖视图的方法	X
									024	轴测剖视图先画外形再作剖视的方法	X
									025	轴测剖视图先画断面再作投影的方法	X
									026	棱柱的正等轴测图画法	X
									027	圆柱的正等轴测图画法	X
									028	圆锥台的正等轴测图画法	Y
									029	带圆角底板的正等轴测图画法	X
									030	组合体的正等轴测图画法	X
									031	正等轴测图剖面线的方向	X
									032	轴测图中肋板的画法	X
									033	画开槽圆柱体的正等轴测图的方法	X
									034	画开槽圆柱体的正等轴测图的步骤	X
									035	画支架的正等轴测图的方法	X
									036	画支架的正等轴测图的步骤	X
									037	正确绘制轴测图的关键	X
									038	轴测图的测量方法	Y
									039	正等轴测图的作图要领	X
									040	轴测图绘制椭圆的要点	X
			C	图档管理 (09∶01∶00)	5	A	软件管理 (09∶01∶00)	5	001	图纸管理系统的作用	X
									002	产品树的作用	X
									003	产品树的根结点含义	X
									004	产品树的构成	X
									005	组件的含义	X
									006	图纸名称属性的定义	Y
									007	图纸管理的条件	X
									008	统计操作的作用	X
									009	查询操作的作用	X
									010	系统信息的含义	X

制图员(中级)理论知识鉴定要素细目表(土建类)

鉴定范围									鉴定点		
一级			二级			三级			代码	名称	重要程度
代码	名称	鉴定比重	代码	名称	鉴定比重	代码	名称	鉴定比重			
A	基本要求 (39:04:00)	20	A	职业道德 (09:01:00)	5	A	基本知识 (06:00:00)	3	001	道德的含义	X
									002	职业道德的含义	X
									003	职业道德和社会道德的关系	X
									004	职业道德的作用	X
									005	职业道德的种类	X
									006	制图员的职业道德	X
						B	职业守则 (03:01:00)	2	001	忠于职守,爱岗敬业	X
									002	讲究质量,注重信誉	X
									003	积极进取,团结协作	X
									004	遵纪守法,讲究公德	Y
			B	基础知识 (30:03:00)	15	A	制图的基本知识 (15:03:00)	8	001	制图国家标准(以下简称国标)GB/T14689—1993 中 5 种基本幅面尺寸的规定	X
									002	国标 GB/T14689—1993 中图框格式的种类	X
									003	国标 GB/T14689—1993 中标题栏位置的规定	X
									004	国标 GB/T14691—1993 中汉字字宽的规定	X
									005	国标 GB/T14691—1993 中斜体字字型倾斜程度的规定	Y
									006	同一建筑图样中粗、中、细线的宽度比	X
									007	在建筑图样中各种线条的常用用途	X
									008	两图线相交时画图的注意事项	Y
									009	尺寸组成的要素	X
									010	尺寸线的终端形式	X
									011	绘制尺寸界线的注意事项	X
									012	绘制尺寸线的注意事项	X
									013	填写尺寸数字时的注意事项	X
									014	圆的尺寸标注方法	X
									015	角度尺寸标注时的注意点	X
									016	铅笔的使用方法	X
									017	使用圆规画圆的方法	X
									018	圆规使用铅芯的硬度规格	Y
						B	投影法的基本知识 (05:00:00)	2	001	投影法的分类	X
									002	中心投影法的定义	X
									003	平行投影法的定义	X
									004	工程上常用的投影	X
									005	斜投影的定义	X

续表

鉴定范围									鉴定点		
一级			二级			三级					
代码	名称	鉴定比重	代码	名称	鉴定比重	代码	名称	鉴定比重	代码	名称	重要程度
A	基本要求(39：04：00)	20	B	基础知识(30：03：00)	15	C	计算机绘图的基本知识(04：00：00)	2	001	典型微型计算机绘图系统的硬件构成	X
									002	常用的计算机绘图软件	X
									003	计算机图形输入、输出设备的名称	X
									004	常用计算机绘图的方法	X
						D	专业图样的基本知识(04：00：00)	2	001	房屋施工图按用途的不同划分的类别	X
									002	房屋结构施工图包括的主要内容	X
									003	房屋室内给、排水施工图包括的主要内容	X
									004	房屋室外给、排水施工图包括的主要内容	X
						E	相关法律、法规知识(02：00：00)	1	001	劳动合同的概念	X
									002	工资包括的范围	X
B	相关知识(146：17：00)	80	A	绘制二维图(92：11：00)	50	A	手工绘图(52：08：00)	30	001	点的两面(V、H)投影规律	Y
									002	点在V、H投影面中的标记代号	Y
									003	点的正面投影反映的坐标	Y
									004	点的水平面投影反映的坐标	X
									005	空间直线与投影面的相对位置关系	X
									006	投影面平行线的定义	X
									007	投影面垂直线的定义	X
									008	一般位置直线的定义	X
									009	投影面平行面的定义	X
									010	投影面垂直面的定义	X
									011	一般位置平面的定义	X
									012	新投影面选择条件	X
									013	点的投影变换规律	X
									014	一般位置直线变换为投影面平行线时，新投影轴的设立原则	X
									015	平行线变换为投影面垂直线时，新投影轴的设立原则	Y
									016	一般位置平面变换为投影面垂直面时，新投影轴的设立原则	X
									017	垂直面变换为投影面平行面时，新投影轴的设立原则	X
									018	坡度的定义	X
									019	坡度的标注	X
									020	圆弧连接的作图要点	X
									021	已知椭圆长、短轴的大小，精确画椭圆的方法	X
									022	三视图的形成原理	X
									023	平面基本体的特征	X

续表

鉴定范围									鉴定点		
一级			二级			三级			代码	名称	重要程度
代码	名称	鉴定比重	代码	名称	鉴定比重	代码	名称	鉴定比重			
B	相关知识(146∶17∶00)	80	A	绘制二维图(92∶11∶00)	50	A	手工绘图(52∶08∶00)	30	024	曲面基本体的特征	X
									025	球面体的形成特点	X
									026	截交线的定义	Y
									027	圆柱体截交线的种类	X
									028	圆锥体截交线的种类	X
									029	球体截交线的形状	X
									030	截平面平行于圆柱轴线时，截交线的几何形状	X
									031	截平面垂直于圆柱轴线时，截交线的几何形状	X
									032	截平面倾斜于圆柱轴线时，截交线的几何形状	X
									033	截平面通过圆锥锥顶时，截交线的几何形状	X
									034	截平面垂直于圆锥轴线时，截交线的几何形状	X
									035	截平面平行于圆锥轴线时，截交线的几何形状	X
									036	相贯线的定义	X
									037	相贯线的性质	X
									038	两圆柱正交直径不等时相贯线的几何形状	X
									039	圆柱与圆锥正交圆柱穿过圆锥时相贯线的几何形状	X
									040	圆柱与球相交，且轴线通过球心时，相贯线的几何形状	X
									041	圆锥与球相交，且轴线通过球心时，相贯线的几何形状	X
									042	求相贯线的基本方法	X
									043	用辅助平面法求相贯线时，辅助平面的选取原则	X
									044	组合体的组合形式	X
									045	组合体尺寸标注的要求	X
									046	视图中线框的含义	X
									047	视图中图线的含义	X
									048	读组合三视图基本方法的名称	X
									049	六个基本视图的投影关系	X
									050	六个基本视图的配置位置	X
									051	局部视图的定义	X
									052	斜视图的定义	X
									053	斜视图的标注方法	X
									054	斜视图的应用场合	X
									055	剖面图的种类	Y
									056	剖面图中剖切面的形式	Y

续表

鉴定范围									鉴定点		
一级			二级			三级			代码	名称	重要程度
代码	名称	鉴定比重	代码	名称	鉴定比重	代码	名称	鉴定比重			
B	相关知识(146：17：00)	80	A	绘制二维图(92：11：00)	50	A	手工绘图(52：08：00)	30	057	剖面图的标注方法	Y
									058	断面图的种类	X
									059	移出断面图按剖面图绘制的规定	X
									060	重合断面图的画法	X
						B	计算机绘图(10：00：00)	5	001	目标(工具点)捕捉的作用	X
									002	目标(工具点)捕捉的内容	X
									003	图层的特点	X
									004	图层的状态	X
									005	当前层的概念	X
									006	视窗缩放与编辑缩放的区别	X
									007	另存文件的含义	X
									008	正交方式的意义	X
									009	栅格、捕捉的作用	X
									010	计算机绘图软件的查询功能	X
						C	手工绘制专业图(30：03：00)	15	001	建筑总平面图的作用	Y
									002	建筑总平面图的形成	X
									003	建筑总平面图的图示内容	X
									004	绘制建筑总平面图的常用比例	X
									005	绘制建筑总平面图的可用比例	Y
									006	绘制建筑总平面图的线型规定	X
									007	建筑总平面图中常用图例的画法	X
									008	指北针的画法	X
									009	建筑总平面图中的尺寸注法	X
									010	绝对标高的概念	X
									011	相对标高的概念	X
									012	建筑总平面图中的标高注法	X
									013	屋顶平面图的形成	X
									014	屋顶平面图的作用	Y
									015	标准层平面图的概念	X
									016	楼房的室外构造在建筑平面图中的画法规定	X
									017	附加轴线的编号规则	X
									018	详图索引符号的画法	X
									019	详图索引符号的编号规则	X
									020	详图符号的画法	X
									021	详图符号的编号规则	X
									022	建筑剖面图剖切符号的标注规则	X
									023	画建筑剖面图时对剖切位置的要求	X
									024	楼梯详图中，梯段长度尺寸的标注方式	X
									025	楼梯平面图中，不完整梯段的表示方法	X

续表

鉴定范围									鉴定点		
一级			二级			三级			代码	名称	重要程度
代码	名称	鉴定比重	代码	名称	鉴定比重	代码	名称	鉴定比重			
B	相关知识(146：17：00)	80	A	绘制二维图(92：11：00)	50	C	手工绘制专业图(30：03：00)	15	026	楼梯平面图中，用长箭头配合文字"上"或"下"表示的意义	X
									027	楼梯剖面详图中，梯段高度尺寸的标注方式	X
									028	抹灰层画法的规定	X
									029	常用建筑构件的代号	X
									030	楼梯平面详图的画图步骤	X
									031	楼层结构平面图的形成	X
									032	绘制楼层结构平面图的线型规定	X
									033	楼层结构平面图中表示楼板布置的方法	X
			B	绘制三维图(45：05：00)	25	A	描图(09：01：00)	5	001	斜二轴测图的概念	X
									002	斜二轴测图的轴间角	X
									003	斜二轴测图的轴向变形系数	X
									004	斜二轴测图中与坐标面平行的圆的画法	X
									005	斜二轴测图中椭圆的画法	X
									006	正二轴测图的概念	X
									007	正二轴测图的轴间角	X
									008	正二轴测图的轴向变形系数	Y
									009	正二轴测图轴间角简化变形系数	X
									010	正二轴测图中椭圆的画法	X
						B	手工绘制轴测图(36：04：00)	20	001	轴测图的投影特性	X
									002	轴测图轴间角的概念	X
									003	正等轴测图中轴间角的确定方法	X
									004	正等轴测图轴向变形系数的形成	X
									005	正等轴测图中轴向变形系数的确定	X
									006	常用轴测图的画法	X
									007	椭圆的长短轴方向	X
									008	四心法画椭圆时圆心的求法	Y
									009	阅读及描绘正等轴测图的方法	X
									010	轴测图尺寸注法	X
									011	轴测剖视图的作用	X
									012	轴测剖视图与剖视图的关系	X
									013	绘制正等轴测图的一般步骤	X
									014	绘制正等轴测图的方法	X
									015	使用基面法绘制正等轴测图的场合	X
									016	基面法绘制正等轴测图的方法	X
									017	使用叠加法绘制正等轴测图的场合	X
									018	叠加法绘制正等轴测图的方法	Y

续表

鉴定范围									鉴定点		
一级			二级			三级					
代码	名称	鉴定比重	代码	名称	鉴定比重	代码	名称	鉴定比重	代码	名称	重要程度
B	相关知识(146:17:00)	80	B	绘制三维图(45:05:00)	25	B	手工绘制轴测图(36:04:00)	20	019	使用切割法绘制正等轴测图的场合	X
									020	切割法绘制正等轴测图的方法	X
									021	轴测剖视图的概念	X
									022	画轴测剖视图时剖切平面的选择方法	X
									023	画轴测剖视图的方法	X
									024	轴测剖视图先画外形再作剖视的方法	X
									025	轴测剖视图先画断面再作投影的方法	X
									026	棱柱的正等轴测图画法	X
									027	圆柱的正等轴测图画法	X
									028	圆锥台的正等轴测图画法	Y
									029	带圆角底板的正等轴测图画法	X
									030	组合体的正等轴测图画法	X
									031	正等轴测图剖面线的方向	X
									032	轴测图的剖切方法	X
									033	画开槽圆柱体的正等轴测图的方法	X
									034	画开槽圆柱体的正等轴测图的步骤	X
									035	同心圆法画椭圆的圆心求法	X
									036	阅读轴测图与绘制三视图的方法	X
									037	正确绘制轴测图的关键	X
									038	轴测图的测量方法	Y
									039	正等轴测图的作图要领	X
									040	轴测图绘制椭圆的要点	X
			C	图档管理(09:01:00)	5	A	软件管理(09:01:00)	5	001	图纸管理系统的作用	X
									002	产品树的作用	X
									003	产品树的根结点含义	X
									004	产品树的构成	X
									005	组件的含义	X
									006	图纸名称属性的定义	Y
									007	图纸管理的条件	X
									008	统计操作的作用	X
									009	查询操作的作用	X
									010	系统信息的含义	X

第三章　理论知识考试复习指导

一、基本要求

（一）鉴定要求

中级制图员应掌握以下基本知识：

1. 职业道德和职业守则

按《制图员国家职业标准》的要求，制图员遵循的职业守则做到以下四个方面，忠于职守，爱岗敬业；讲究质量，注重信誉；积极进取，团结协作；遵纪守法，讲究公德。

2. 制图的基本知识

主要是了解有关制图国家标准中对图纸幅面、比例、字体、图线及尺寸注法的有关规定等。

3. 投影法的基本知识

要求掌握常用投影法的定义、分类及在工程上的应用。

4. 计算机绘图的基本知识

按《制图员国家职业标准》的要求，计算机绘图的基本知识包括计算机绘图系统硬件的构成原理和计算机绘图的软件类型。具体理解包括典型微型计算机绘图系统的硬件构成；常用的计算机绘图软件和计算机绘图的方法；计算机图形输入、输出设备的名称。

5. 专业图样的基本知识

机械类专业图样主要包括零件图和装配图，其基本知识具体有零件图的内容；零件按结构特点所分的类型；装配图的内容；装配图的作用。

土建类专业图样的基本知识主要包括房屋施工图按用途的不同划分的类别、房屋结构施工图包括的主要内容、房屋室内外给、排水施工图包括的主要内容。

6. 相关法律、法规知识

主要考查劳动法的相关知识，包括劳动合同的概念；工资包括的范围等。

（二）复习重点难点

1. 复习重点

（1）职业道德的职业守则。忠于职守就是要求制图人员忠于制图员这个特定的工作岗位，自觉履行制图员的各项职责，保质保量地完成承担的各项任务；爱岗敬业就是要把尽心尽力做好本职工作变成一种自觉行为，具有从事制图员工作的自豪感和荣誉感。

讲究质量就是要做到自己绘制的每一张图纸都能符合图样的规定和产品的要求，为生产提供可靠的依据；注重信誉包括两层含义，其一是指工作质量，其二是指人品。

积极进取就是要不断学习，勇于创新；团结协作就是要顾全大局，要有团队精神。

遵纪守法是指制图员要遵守职业纪律和职业活动的法律、法规，保守国家机密，不泄露企业情报信息；讲究公德是对制图员基本素质的要求，基本素质是指一个人在政治思想、道德品质、知识技能等方面所具有的水平。

（2）制图国家标准关于图纸幅面和格式的规定。制图国家标准规定应优先采用的图纸幅面有 A0—A4 共 5 种，A0 图纸的短边等于 A1 图纸的长边，一张 A0 图纸等于两张 A1 图纸；A1 图纸的短边等于 A2 图纸的长边，一张 A1 图纸等于两张 A2 图纸；以此类推，要搞清 5 种幅面彼此之间的大小关系。每张图纸上都必须画出标题栏，其位置应位于图纸的右下角，标题栏格式应按规定绘制。

（3）制图国家标准关于比例的规定。比例是指图中图形与其实物相应要素的线性尺寸之比。比值为 1 的比例为原值比例，即称为 1∶1；比值大于 1 的比例称为放大比例，如 2∶1、4∶1 等；比值小于 1 的比例称为缩小比例，如 1∶2、1∶5 等。国家标准对比例的选用作了规定，应按规定选用。比例一般应标注在标题栏中的比例栏内。若图样中有不同的比例时，须在视图名称下方或右侧标注。

（4）制图国家标准关于字体的规定。国家标准规定图样中汉字要写成长仿宋字体，字高是字体的号数，字宽是字高的 $1/\sqrt{2}$。

（5）制图国家标准关于图线的规定。机械图样中常用的图线有粗实线、细实线、虚线、细点画线、波浪线等。土建图样中常用的图线还有中实线、粗虚线、粗点画线。要掌握这些图线的画法和应用场合。

（6）制图国家标准关于尺寸注法的规定。掌握尺寸四要素即尺寸界线、尺寸线、尺寸终端（箭头和斜线）、尺寸数字的画法，掌握尺寸标注的基本规则及直径尺寸、半径尺寸、角度尺寸及常用小尺寸的标注方法。

（7）投影法的定义及分类。明确中心投影、平行投影、斜投影、正投影的定义，了解常用投影法的分类。

（8）工程上常用的投影。明确工程上常用的多面正投影和轴测投影的定义；了解透视投影和标高投影的定义。

（9）计算机绘图的基本知识。一个典型的微型计算机绘图系统一般是由主机、图形输入设备、图形输出设备、外存贮器几部分组成的。图形输入设备有键盘、鼠标、数字化仪、图形输入板等。图形输出设备有打印机、绘图机、显示器等。打印机有针式、喷墨式及激光式等几种类型。计算机绘图的方法分为交互式绘图和编程绘图两种。目前我国比较流行微机版计算机绘图软件有 AUTO CAD、MDT、CAXA 电子图板等。

（10）专业图样的基本知识。机械类掌握零件图和装配图的基本知识主要包括，一张完整的零件图应包括视图、尺寸、技术要求和标题栏。零件按结构特点可分为轴套类、盘盖类、叉架类、箱壳类和薄板类。一张完整的装配图应包括视图、尺寸、技术要求、标题栏和明细表以及零部件序号。装配图的作用，在机器或部件设计过程中，一般先画出装配图，然后再拆画零件图，零件加工后，再按照将零件装配成机器或部件。装配图既能表示机器性能、结构、工作原理，又能指导安装、调整、维护和使用。

土建类图样的基本知识主要包括，房屋施工图按用途的不同划分的类别、房屋结构施工图、房屋室内外给、排水施工图。

（11）相关法律、法规知识。劳动合同是劳动者与用人单位确定劳动关系、明确双方权利和义务的协议。

工资是指用人单位依据国家有关规定或集体合同、劳动合同的约定，以货币形式直接支付给本单位劳动者的劳动报酬。一般包括计时工资、计件工资、奖金、津贴和补贴、延长工作时间的工资报酬及特殊情况下支付的工资。

2. 复习难点

尺寸标注。对平面图形标注尺寸时，按尺寸作用可将尺寸分为定形尺寸和定位尺寸。用于确定形体、形状大小的尺寸称为定形尺寸，用于确定形体位置关系的尺寸称为定位尺寸。具体标注尺寸时，可先把每个形体的定位尺寸注出，然后把每个形体的大小尺寸注全。注尺寸时要多参照制图员《国家职业资格培训教程》中给定图形相似形体的所注尺寸，不要轻易改变尺寸标注形式。

二、相关知识

（一）鉴定要求

中级制图员应掌握以下相关知识：

1. 几何作图

（1）机械类掌握斜度的定义，斜度在图样中的标注符号；锥度的定义，锥度在图样中的标注符号。

（2）土建类掌握坡度的定义，坡度在图样中的标注符号。

（3）圆内接正多边形的作图。

（4）在圆弧连接作图中，掌握圆弧连接的几种形式和用圆弧连接已知线段的作图中，圆心、切点的求法。

（5）平面图形应标注的尺寸类型，平面图形中的线段类型和绘制平面图形时的作图步骤。

2. 点的三面投影的产生、命名及标记，点的三面投影规律，点的三面投影与其坐标的关系

3. 直线的投影作图，直线相对于投影面各种位置的命名（定义）及投影特性

（1）投影面平行线。

（2）投影面垂直线。

（3）一般位置直线。

4. 平面的投影作图，平面相对于投影面各种位置的

命名及投影特性

（1）投影面平行面。

（2）投影面垂直面。

（3）一般位置平面。

5. 平面上作直线，虽然该教材中未有讲述这部分内容，但是在学习换面法的知识中用到在平面上作投影面平行线的作图知识，因此要求同学掌握该部分内容，为学习换面法打下基础。学习的要点如下：

（1）平面上作直线的几何条件：

几何条件一：一直线经过平面上两点，则此直线一定在平面上。

如图 3—1 所示，△ABC 决定一平面 P，由于 M、N 两点分别在 AB、AC 上，所以 MN 连线也一定在 P 平面上。

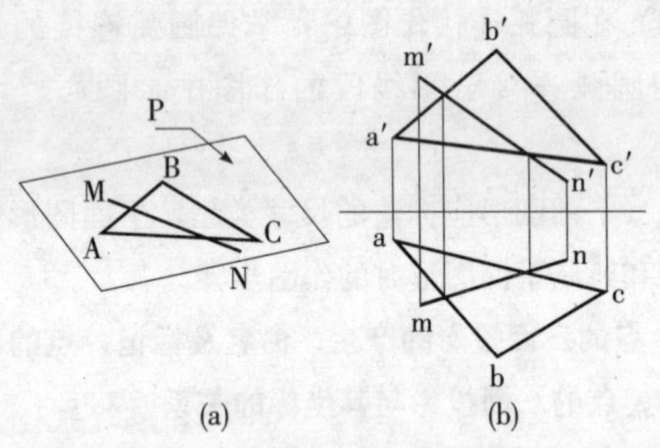

图 3—1　平面上取直线（一）

几何条件二：一直线经过平面上一点，且平行于平面上的任意一直线，则此直线一定在平面上。

如图 3—2 所示，EF 和 ED 两相交直线决定一平面 Q，如在 ED 上取一点 M，过 M 作 MN∥EF，则 MN 必定在 Q 平面上。

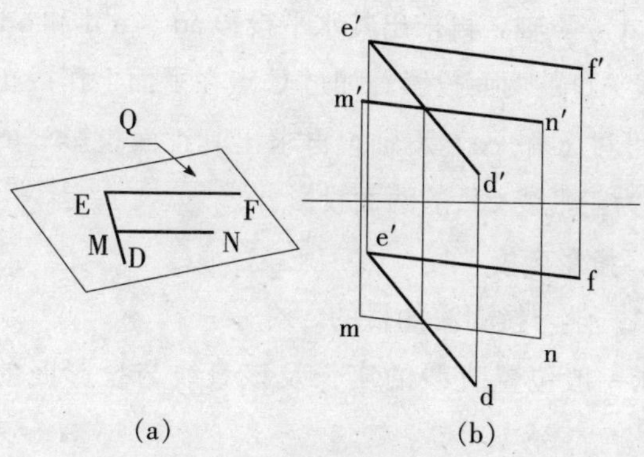

(a)　　　　　　　　(b)

图 3—2　平面上取直线（二）

（2）平面上作投影面平行线。平面上可以作许多直线，而这些直线对投影面的倾角往往各不相同，其中有一种倾角为零的直线即为投影面平行线。

平面上作投影面平行线的投影特点：①符合平面上取直线的几何条件；②符合投影面平行线的投影特点。

如图 3—3 所示，要在△ABC 平面上作水平线和正

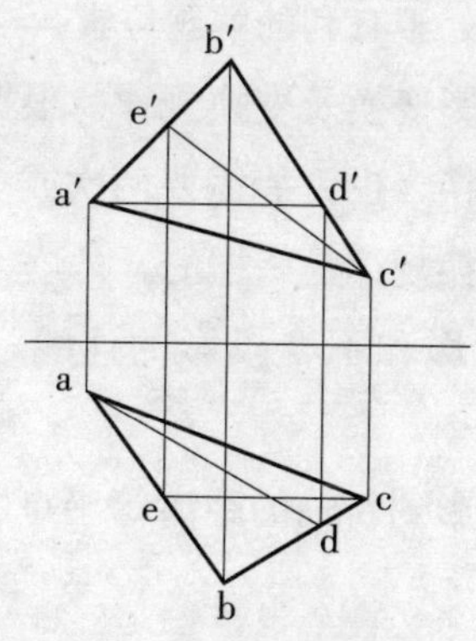

图 3—3　平面上的投影面平行线

平线。如过点 A 在平面上作一水平线 AD，可先过 a′作直线a′d′//X 轴，再求出其水平投影 ad 。a′d′和 ad 即为水平线 AD 的两面投影。如过 C 点在平面上作一正平线 CE，可过 c 作 ce//X 轴，再求出其正面投影 c′e′。ce、c′e′即为正平线 CE 的两面投影。

6. 投影变换

（1）学习换面法的目的。

求一般位置直线的实长及该直线与投影面的真实倾角；

求一般位置平面的实形及该平面与投影面的真实倾角；

求零件上倾斜结构的实形。

（2）换面法的基本概念：投影体系的变换，此变换又称之为投影变换。

（3）新投影面的设立原则：其一，新投影面必须和原投影体系中的一个投影面垂直；其二，新投影面必须和空间几何元素处于有利的解题位置。

（4）点的投影变换及变换规律。根据解题的需要可能只需要一次变换，也可能需要两次或多次变换，但不论变换几次其变换规律是一样的。

①点的新投影和不变投影的连线，必垂直于新投影轴。

②点的新投影到新轴的距离等于点的旧投影到旧投影轴的距离。

（5）直线的投影变换。按点的投影变换规律作出直线上两点的新投影，即得直线的新投影。但需要掌握以下两个基本作图：

①将一般位置直线变为投影面的平行线。以解决求一般位置直线的实长和对投影面的倾角问题。

②将投影面的平行线变为投影面的垂直线。以解决有关的度量和定位问题。

（6）平面的投影变换。只要将确定平面的几何元素的投影加以变换，即可得到平面的投影变换。但需要掌握以下两种变换的基本作图：

①将一般位置平面变换为投影面的垂直面。以解决求一般位置平面对投影面的倾角问题。

②将投影面垂直面变换为投影面的平行面。以解决求该平面的实形问题。

7. 平面立体和曲面立体的形成特征，球面立体的形成特点

8. 截交线的定义、圆柱截交线的三种类型及几何形状、圆锥截交线的五种类型及几何形状、球面被截交的几何形状

9. 相贯线的定义、相贯线的性质、求相贯线的基本方法、圆柱与圆柱正交相贯几何形状、圆柱与圆锥正交相贯几何形状、圆柱与圆球或圆锥与圆球相贯，且圆柱或圆锥的轴线过球心时相贯线的几何形状

10. 组合体的组合形式、组合体尺寸标注的基本要求和读组合体三视图的基本方法

11. 视图中图线和线框的含义

12. 六个基本视图的投影关系和配置位置

13. 局部视图的定义

14. 斜视图的定义、斜视图的标注方法和斜视图的应用场合

15. 剖视图中剖切面的形式、剖视图的种类和剖视图的标注方法。在土建类专业中，剖视图称为剖面图。

16. 断面图的种类、断面图的画法、移出断面图按剖视图绘制的规定

17. 计算机绘图

按《制图员国家职业标准》技能要求，能绘制简单的二维专业图，按此理解所掌握的相关知识，主要体现在绘图和编辑图形的知识，图层设置的知识，属性查询的知识，具体包括目标（工具点）捕捉的作用和内容；正交方式的意义；栅格、捕捉的作用；图层的概念、特点、状态；视窗缩放与编辑缩放的区别；另存文件的含义；计算机绘图软件的查询功能等。

18. 螺纹紧固件的连接画法（机械类专业知识）

熟练掌握螺纹的规定画法、螺纹紧固件的规定画法和螺栓连接、螺柱连接、螺钉连接三种连接装配图的规定画法。

19. 绘制叉架类零件的基本知识（机械类专业知识）

了解叉架类零件的结构分析，掌握叉架类零件视图选择的原则和一般规律。

20. 绘制箱壳类零件的基本知识（机械类专业知识）

了解箱壳类零件的结构分析，掌握箱壳类零件视图选择的原则和一般规律。

21. 多层房屋专业图的知识（土建类专业知识）

多层房屋的施工图样，比单层房屋要复杂得多，但仍包括总平面图，平面图，立面图，剖面图，详图各类图样，考生应熟练掌握。具体包括常用建筑构建的代号，屋顶平面图的知识，明确多层房屋的建筑平面图与单层房屋的建筑平面图有哪些不同之处，建筑总平面图的知识，房屋施工图中的标高注写，详图索引符号及详图符号的知识，楼梯详图的知识，楼层结构平面图的知识等。

22. 描绘轴测图

（1）掌握斜二等轴测图的形成及其轴间角与轴向变形系数。

（2）能绘制斜二等轴测图中的圆和椭圆。

（3）掌握正二等轴测图的形成及其轴间角与轴向变形系数。

（4）能绘制正二等轴测图中的圆和椭圆。

23. 绘制正等轴测图

（1）掌握绘制正等轴测图的方法和基面法、叠加法、切割法的适用场合。

（2）绘制正等轴测剖视图的方法。

（3）掌握绘制正等轴测剖视图的规定。

24. 掌握圆角的正等轴测图的画法

25. 软件管理：掌握软件图纸管理的各项功能，能自动和手动建立产品树并进行管理，能提取查询出所需的数据

（二）复习重点难点

复习重点：

1. 斜度和锥度的标记内容（机械类）。如指引线、符号、比值

2. 圆弧连接的作图要点。如先找连接弧的圆心、再找切点、最后作圆弧连接

3. 精确画椭圆的方法及作图步骤

4. 投影与视图部分

三视图的形成原理。如由前向后投影，在正（V）面上得到物体的投影称主视图；由上向下投影，在水平（H）面上得到物体的投影称俯视图；由左向右投影，在侧（W）面上得到物体的投影称左视图。

5. 点的投影

（1）空间点用大写字母标记，投影面上的投影点分别用小写字母加次撇标记。如A点三面投影的命名及标记分别是：水平投影（H面）用a标记，正面投影（V面）用a′标记，侧面投影（W面）用a″标记。

（2）点的三面投影规律是学习的重点。例如点的V面投影和H面投影的连线应垂直于OX轴，点的V面投影和W面投影的连线应垂直于OZ轴，点的H面投影和W面投影的Y坐标值是相等的。

（3）点到投影面的距离与投影、坐标的关系既是学习的重点，也是学习的难点。例如点的空间位置是由点到几个投影面的距离来确定，并分别由字母X、Y、Z来表示。

6. 直线的投影

（1）各种位置直线的命名（定义）。即投影面的平行线、投影面的垂直线和一般位置线的命名（定义）。

（2）各种位置直线的投影特性。例如一般位置直线的三面投影长度均不反映实长，且小于实长，三面投影均与投影轴倾斜，三面投影均不反映其对 H、V、W 面的倾角 α、β、γ 的大小。又如平行线中的正平行线，V 面投影反映直线的实长和对 H、W 面的真实倾角，而 H 和 W 面的投影分别平于 OX 和 OZ 轴。那么水平线和侧平线如何，均应重点掌握。同样三种垂直线有什么投影特点也必须掌握。

7. 平面的投影

（1）各种位置平面的命名（定义）。即投影面的平行面、投影面的垂直面和一般位置面的命名（定义）。

（2）各种位置平面的投影特性。如一般位置平面的投影特性是：三面投影均不反映实形，也没有积聚性，其三面投影均为平面的类似形，三面投影均不反映该平面对 H、V、W 面的倾角 α、β、γ 的大小。三种平行面和三种垂直面的投影特性，如平行面中的正平面，V 面投影反映平面的实形，而另外两面投影分别具有积聚性，并平行于相应的投影轴。水平面和侧平面也有类似的性质。同样三种垂直面的投影分别具有什么样的投影特性等等也必须熟练掌握。

（3）平面上平行线的投影作图。该平行线的投影作图是将一般位置平面变换为投影面垂直面（求夹角）的基础。如求一般位置平面对 V 面的倾角 β，须在平面上先作一条正平线，此时新投影轴必须垂直于所作正平线的正面投影，所求得面的新投影与新轴的夹角即为所求。如求 α 或 γ 角时应作什么平行线？请自行分析。

8. 换面法

（1）新投影面的两条设立原则必须熟练掌握。其一，新投影面必须和原投影体系中的一个投影面垂直；其二，新投影面必须和空间几何元素处于有利的解题位置。

（2）点的一次变换规律。其一，点的新投影和不变投影的连线，必垂直于新投影轴；其二，点的新投影到新轴的距离等于点的旧投影到旧投影轴的距离。

（3）直线变换的两个基本作图中新投影面的设立原则。即将一般位置直线变为投影面平行线时，其目的是求该直线的实长及与投影面的夹角，如果是求实长，新投影面（轴）平行于直线的哪一面投影作都可以。如果是求夹角，就要明确求的是与哪一个投影面的夹角，此时的新投影面（轴）就要平行于直线与所求夹角的那个投影面的投影。将平行线变为投影面垂直线时，新投影面（轴）就要垂直于直线所平行的那个投影面上的投影。

（4）平面变换的两个基本作图中新投影面的设立原则。即将一般位置平面变为投影面垂直面（解决求夹角问题），首先明确求的是该平面与哪一个投影面的夹角，然后在平面上作那个投影面的平行线，新设立的投影面必须与所作的平行线垂直。将垂直面变为投影面平行面（解决求实形问题）时，新设立的投影面必须与垂直面的积聚性投影平行。

9. 基本几何体部分

基本几何体分为平面立体和曲面立体，要求掌握各种立体的形成特征或形成特点。如构成平面立体的表面都是平面，构成曲面立体的表面至少有一个是曲面，球的表面可看作是由一条半圆母线绕其直径回转而成。

10. 立体表面的交线——截交线

重点掌握几何形状的分析及投影作图：

（1）圆柱体截交线的三种情况。

截平面平行于轴线时截交线的形状为矩形。

截平面垂直于轴线时截交线的形状为圆。

截平面倾斜于轴线时截交线的形状为椭圆。

（2）圆锥体截交线有多种形式，其中三种情况必须熟练掌握。

截平面垂直于轴线时截交线的形状为圆。

截平面平行于轴线时截交线的形状为双曲线。

截平面通过锥顶时截交线的形状为三角形。

（3）圆球截交线，平面与圆球相交，截交线形状均为圆。

11. 立体表面的交线——相贯线

（1）相贯线的定义：两曲面立体相交，表面产生的交线。

（2）相贯线的性质：其一，相贯线是相贯两立体的表面的共有线，是两立体表面一系列共有点的集合。其二，相贯线一般是封闭的空间曲线，特殊情况下可能是平面曲线或直线。

（3）圆柱与圆柱或圆柱孔与圆柱孔轴线正交相贯时交线的几何形状。其一，两形体直径不等时，相贯线为空间曲线。两形体直径相等时，相贯线为平面曲线（椭圆曲线）。

（4）圆柱与圆锥轴线正交相贯时交线的几何形状。一般情况下圆柱面与圆锥面的相贯线为空间曲线，只有当两形体在相交处内切于一个球面时，相贯线为平面曲线（椭圆曲线）。求一般点时辅助平面的选取原则：必须是垂直于圆锥轴线。

（5）圆柱或圆锥与圆球相贯，且轴线通过球心时相贯线的形状是平面曲线——圆。

12. 组合体

（1）组合体的组合方式。通常分为叠加型和切割型两种。

（2）读组合体三视图的常用方法。有形体分析法和线面分析法两种。

（3）组合体的尺寸标注：

尺寸基准的选择：如面为基准时，常选较大的加工面；线为基准时，常选回转体的轴线；对于对称的图形常选用对称面（对称中心线）为基准。

尺寸标注的基本要求：正确、完全、清晰、合理。

13. 机件的表达方法

（1）视图中图线及线框的含义。图线的含义有三种，积聚性面的投影、面面交线的投影、曲面立体转向轮廓线的投影。线框的含义：一个封闭线框代表一个面的投影，该面可能是平面、也可能是曲面、也可能是平面与曲面的相切组合。

（2）基本视图。六个基本视图的投影规律，即主、俯、仰、后四个视图长度相等，主、左、右、后四个视图高度平齐，左、右、俯、仰四个视图宽度相等；国家标准规定六个基本视图的配置位置，凡按国家标准规定配置的基本视图不需加任何标注。

（3）局部视图的定义。局部视图是将机件的某一部分向基本投影面投射所得的视图。

（4）斜视图的定义、应用场合，斜视图的标注方法。机件向不平行于任何基本投影面的平面投射所得的视图叫斜视图。当机件上有与基本投影面倾斜的结构时，为了反映倾斜结构的真实形状，一般采用斜视图表达。画斜视图时，必须在视图的上方标出视图的名称“X”（“X”为大写拉丁字母），在相应的视图附近用箭头指明投影方向，并注上相同的字母。

（5）剖视图。

剖切面的形式：①单一剖切面；②相交的剖切面；③几个平行的剖切平面。

剖视图种类：全剖视图、半剖视图、局部剖视图。

剖视图的标注方法：画剖视图时一般都进行标注，因此必须掌握标注内容和标注方法。

在土建制图中称为剖面图。

剖切面的形式：①单一剖切面；②相交的剖切面；③几个平行的剖切平面。

剖面图种类：全面视图、半剖面图、局部剖面图。

剖面图的标注方法：画剖面图时一般都进行标注，因此必须掌握标注内容和标注方法。

（6）断面图。

①断面图的种类：移出断面图和重合断面图两种。

②断面图的画法：移出断面图画在视图的外面，用粗

实线绘制。重合断面图画在视图的里面，用细实线绘制。

③移出断面图按剖视图绘制的规定。

当剖切平面通过由回转面形成的孔或凹坑等结构的轴线时断面图按剖视图绘制。

14. 计算机绘图

在计算机绘制零件图时，用目标（工具点）捕捉取得点是精确画图常常使用的方法，目标（工具点）捕捉，就是用鼠标对特征点进行搜索和锁定，以便快速、准确地使用它们。实体中的特征点包括端点、中点、象限点、圆心点、交点、切点、垂足点、最近点、孤立点等。而栅格捕捉的作用是为了得到屏幕上准确的坐标点。

在绘图时，正交方式是被经常使用的，如要保证一条直线是水平或竖直的，复制或移动实体时与原来的实体保证水平或竖直等均采用正交方式。那么正交方式真正的含义就是使新旧实体上各点 X 或 Y 坐标保持不变。

使用图层来管理和控制复杂的图形，在绘图时可以将不同种类和用途的图形分别置于不同的图层上，从而实现对相同种类图形的统一管理。图层具有如下特点：

（1）每个图层都有惟一的层名。名字由汉字、字母、数字和字符“$”、“—”、“_”任意组合而成，长度不大于 31 个字符。例如“A”、“2”、“B—3”等都是正确的图层名字。

（2）每个图层所容纳的实体数量不加限制。每个作业中，所用图层的数量也没有限制。

（3）各个图层具有相同的坐标系、绘图界限和显示时的缩放倍数。因此各图层是精确地相互对齐。

（4）用图层命令可以改变图层的线型、颜色和状态。

（5）图层的状态包括，层名、线型、颜色、打开或关闭以及是否为当前层等。当前层就是当前正在进行操作的图层，用绘图命令所画的图形就绘制在当前层上。

用计算机绘图时，视窗缩放命令只能改变图形显示状态，而要改变实体的实际尺寸需用编辑缩放命令。

另存文件是将已存储在磁盘上的文件重新命名或存储在其他位置。

一般计算机绘图软件均有查询命令，用该命令可以获得点的坐标、两点间的距离、角度、周长、面积等。

15. 螺纹紧固件的连接画法（机械类专业知识）

常用的螺纹紧固件连接有螺栓连接、螺柱连接、螺钉连接三种形式。螺栓连接由螺栓、螺母、垫圈组成，用来连接两零件厚度不大和需要经常拆卸的场合；螺柱连接用于被连接件之一较厚的场合；螺钉连接一般用于受力不大的场合。画螺纹连接装配图时，应切实注意：（1）相邻零件的接触表面和配合表面，只画一条粗实线；（2）两个相邻金属零件，剖面线方向相反，或方向一致而平行线间距不等；（3）同一零件在各视图中的剖面线方向和间距必须一致；（4）当剖切平面通过螺栓、螺母、垫圈等连接件或实心件的对称平面或轴线时，按不剖绘制；（5）螺纹紧固件的工艺结构，如倒角、退刀槽等均可省略不画。

16. 叉架类零件的结构分析及视图选择（机械类专业知识）

叉架类零件是支撑其他零件的支架，一般有固定安装部分和不同形状的工作部分，连接两部分的是不同形状的肋板。

主视图的方向应反映零件的形体特征，且多按工作位置选择。其他视图多采用局部视图、斜视图、局部剖、断面图等。

17. 箱壳类零件的结构分析及视图选择（机械类专业知识）

箱壳类零件是用来支撑、包容、保护运动零件或其他零件的，其形状都具有箱形特点，且形状、结构都较复杂。

主视图的方向应反映零件的形体特征，且多按工作位置选择。其他视图采用基本视图较多，采用剖视图、断面图较多。

18. 常用建筑构建的代号（土建类专业知识）

房屋结构的基本构件种类繁多，有时布置也很复杂，为使图形清晰，构件在房屋施工图中一般用代号注明。建筑构件的代号一般取其汉语名称的某一个、两个至多三个主要汉字的首字母表示。如“板”的代号为B，“梁”的代号为L、“柱”的代号为Z等。再如“屋面板”的代号为“屋、板”两字的首字母WB，“天沟板”的代号为其名称中全部三个汉字的首字母TGB，“基础梁”的代号为“基、梁”两字的首字母JL，“天窗架”的代号为“窗、架”两字的首字母CJ，“水平支撑”的代号为“水、撑”两字的首字母SC，“钢筋骨架”的代号为“骨”字的首字母G等。虽然没有绝对的规律可循，但也不是毫无规律可言，并不太难记忆。“预应力钢筋混凝土”构件的代号，还应在构件代号前加注“Y—”，如“Y—L”表示“预应力钢筋混凝土梁”。为区别名称相同而规格或型号不同的构件，代号后用阿拉伯数字注出该构件的型号或编号。

19. 屋顶平面图的知识（土建类专业知识）

房屋的建筑平面图一般是指通过门窗洞剖切的水平剖面图，用以表达房屋的平面形状、内部房间布置等，平面图只是建筑行业的习惯叫法，但屋顶平面图是个例外。房屋的水平投影图称为屋顶平面图，这是一般意义上的平面图，而不是房屋某一层的水平剖面图。屋顶平面图主要表示屋面的排水情况及突出屋面的结构的布置，如排水分区、天沟、屋面坡度及方向，电梯间、水箱间等突出屋顶的部分。当然，为避免图形的重复绘制，屋顶平面图中不再画出散水、台阶、花池等地面上的可见室外结构，也不再画出其他平面图中已画过的阳台、雨蓬板等可见室外结构，这一点仍不同于一般的平面图。

20. 明确多层房屋的建筑平面图与单层房屋的建筑平面图有哪些不同之处（土建类专业知识）

在一般情况下，多层房屋有几层就应画几个平面图。当房屋中间若干层的平面布局、构造情况完全一致时，则可用一个平面图来表达这些布局相同的若干层，这个平面图称为标准层平面图。一幢多层房屋，至少应画出底层、一个标准层和顶层三个平面图。每一个平面图均应在图形下方注出图名、比例。若只有一个标准层平面图，其图名写成“标准层平面图”即可，并在图形中同一标高符号处将该平面图所表示的不同楼层相同部位的标高数值都注出来。若需几个不同的标准层平面图，则需分别注明每个标准层平面图所表示的楼层，并在同一标高符号处将该平面图所表示的不同楼层相同部位的标高数值都注出来。仅在底层平面图中画出散水、阳台、室外台阶、花池等地面上的室外结构，并标注建筑剖面图的剖切符号，其他平面图中均不再重复画出这些内容。对于阳台、雨蓬板等凸出墙面的室外结构，仅在相应楼层的建筑平面图中画出，在更高层的平面图中不再重复画出。如在二层平面图中应画出底层入口处的雨蓬板和属于本层的阳台，而三层及更高层的平面图中，就不再重复画出了，尽管它们可能仍是可见的。并不是每幢楼房都必须画屋顶平面图，屋顶构造简单的楼房，就可不画屋顶平面图。

21. 建筑总平面图的知识（土建类专业知识）

房屋的建筑总平面图是房屋总体布局的水平投影图，它反映新建房屋与原有建筑及周围环境之间的关系，表示新建房屋的位置、朝向和占地范围，以及室外场地、道路、绿化的布置和地形、地貌、标高等。因表达的范围较大，房屋的建筑总平面图常用 1∶500 的比例绘制，根据需要，也可选用 1∶1000 或 1∶2000 的比例绘制。由于采用较小的绘图比例，房屋总平面图中的地形、地物等均用规定的图例表示，考生应熟悉《总图制图标准》GB50103—2001 所规定的图例画法，如新建房屋、原有房屋、欲拆除的房屋、围墙及大门、绿化等。标准规定：在房屋的总平面图中，新建房屋的轮廓用粗实线表示，原有房屋的轮廓用细实线表示……，此处不再一一详述，考生应通过练习逐步记牢。建筑总平面图中应画出新建的房屋、和原有的相关建筑物，还应画出与工程相关的新建或原有的道路、绿化等。图中以原有的房屋或道路定位，以米为单位注出新建房屋的大小和定位尺寸，画出地面等高线表示地形的高低变化，并以绝对标高标出新建房屋的室内外地面高度，标高数值注至小数点后第二位。在房屋的平面轮廓内的右上角，用点数（多层）或数字（高层）表示新建房屋的层数。建筑总平面图中还需画出指北针或“风玫瑰”表示房屋的朝向及该地区的风向频率，箭头所指方向为北，指北针的圆用细实线绘制，直径为24毫米，箭尾宽度为3毫米。

22. 房屋施工图中的标高注写（土建类专业知识）

在房屋施工图中需标注房屋某些部位的标高，标高分为绝对标高和相对标高两种形式。绝对标高是以我国青岛黄海海平面为标高零点，各地标高都是以它为基准测量而得。房屋的总平面图中所注标高为绝对标高，数值取至小数点后第二位，不足两位时用“0”补齐。相对标高一般是以房屋首层的室内主要地面高度为相对标高的零点，除了房屋的总平面图之外，房屋的其他工程图样中所注标高均为相对标高。相对标高的数值取至小数点后第三位，不足三位时用“0”补齐。

23. 详图索引符号及详图符号的知识（土建类专业知识）

房屋的建筑平面图、建筑立面图、建筑剖面图均采用较小的比例绘制，因而对于房屋的某些细节结构难以表达清楚，需画出较大比例的详图来表示。详图索引符号是用于查找相关详图的，详图索引符号用细实线绘制，圆的直径为 10 毫米，索引符号中上半圆的阿拉伯数字表示索引出的详图编号，下半圆所注为详图所在图纸编号；索引出的详图如果与被索引的图样同在一张图纸中，则应在索引符号的下半圆中间画一段水平细实线，索引出的详图与被索引的图样不在同一张图纸中，则应在索引符号的下半圆中用阿拉伯数字注明该详图所在图纸的编号；若索引的详图采用标准图集，则应在索引符号水平直径的延长线上加注所在图集的编号。详图索引符号如果用于索引剖面详图，应在被剖切的部位绘制剖切位置线，并用引出线引出索引符号，引出线用细实线绘制，一端由剖切位置线一侧引出，另一端指向索引符号的圆心。投影方向是从剖切位置线投向引出线。详图是与索引相对应的。详图符号是用粗实线绘制的直径为 14 毫米的圆，详图编号要与相应的详图索引编号一致。详图与被索引的图样如果在同一张图纸内，详图编号用阿拉伯数字直接注在详图符号内，详图与被索引的图样不在同一张图纸内时，则应在详图符号内用细实线画一水平直径，在上半圆内注明详图编号，在下半圆内注明被索引的图纸编号。关于详图索引符号与详图符号的具体画法，考生可参考制图员中级培训教程的第 60 页。

24. 楼梯详图的知识（土建类专业知识）

楼梯详图是建筑施工图中的常用详图之一，用于表达楼梯的类型、结构形式、各部位的尺寸及装修做法等。楼梯详图一般包括楼梯平面图、楼梯剖面图以及踏步和栏杆详图。其中平面图和剖面图的比例要一致，常用的比例为1∶50。楼梯平面详图中，梯段的长度尺寸应注成“踏步宽×踏面数＝梯段长度”的形式，如“300×10＝3000”，楼梯剖面详图中，梯段的高度尺寸应注成“踏步高×步级数＝梯段高度”的形式，如“150×12＝1800”。对于楼梯平面详图来说，它实质上是楼梯间的水平剖面图，剖切平面的高度位于所剖切楼层的楼面之上，且在楼梯平台的高度之下，即剖断了楼梯的上行第一梯段。《建标》中规定，在平面图中，应将被剖断的梯段画出45°的折断线表示。在平面图中，还应在梯段上画出长箭头并配合文字“上”或“下”表示楼梯的上行或下行方向，同时注明该梯段的踏步数，如“上20”。绘制楼梯平面详图时，应首先画出楼梯间的定位轴线，再根据墙体的厚度及定位尺寸画出楼梯间墙面，然后根据平台深度、梯段长度、梯井宽度等尺寸画出梯段。手工绘制梯段时，应将梯段的长度范围等分，以便均匀地画出各个踏面。当绘制比例大于1∶50的详图时，应画出抹灰层与楼地面、墙面、屋面等的面层线（俗称抹灰层）和材料图例，抹灰层的轮廓线用细实线绘制。

25. 楼层结构平面图的知识（土建类专业知识）

楼层结构平面图是用假想的水平剖切面沿楼板面将房屋剖开后绘制的水平投影。主要表示楼房中每一层楼面板及板下的梁、墙、柱等承重构件的平面布置情况。并以所示楼层来命名。在楼层结构平面布置图中，可见钢筋混凝土楼板的轮廓线用细实线来表示，剖到的墙身轮廓用中粗实线表示，楼板下不可见的梁及墙身的轮廓线用中粗虚线来表示。楼梯间内用细实线画出两条相交的对角线，表示另有详图。表示楼板的布置情况时，在布板的区域内用细实线画一对角线，在该线上注明板的类型和数量，当多个开间的板的布置详同时，可只画出一个开间内板的布置情况，其他与之布置相同的开间用代号表示。考生应注意，空心楼板的编号各地不同，考核时应统一采用《制图员国家职业资格培训教程》中介绍的北京地区的标注方法。

26. 绘轴测图

（1）要掌握斜二等轴测图的形成和投影特性。投影线与轴测投影面是倾斜的，得到的是斜轴测投影。

要了解一个坐标面与轴测投影面平行，无论投影线与轴测投影面怎样倾斜，坐标面上的两个坐标轴的轴测投影所形成的轴间角总保持 90°。

物体上所有平行于坐标面（此坐标面与轴测投影面平行）的图形，其轴测投影均保持实形。或者说，有两个轴的轴向变形系数均为 1。两个轴的轴向变形系数相等的斜轴测投影称为斜二测。

斜二等轴测图的轴间角和轴向变形系数，如图 3—4 所示。

取 $X_1O_1Z_1$ 为 90°，为作图简便，$X_1O_1Y_1$ 和 $Y_1O_1Z_1$ 均取 135°。

为作图简便，一般取 $p=r=1$，$q=0.5$，称为简易斜二测。

（2）斜二等轴测图中的圆和椭圆的画法。①凡平行于轴测投影面的坐标面上的圆，其轴测投影仍为圆。

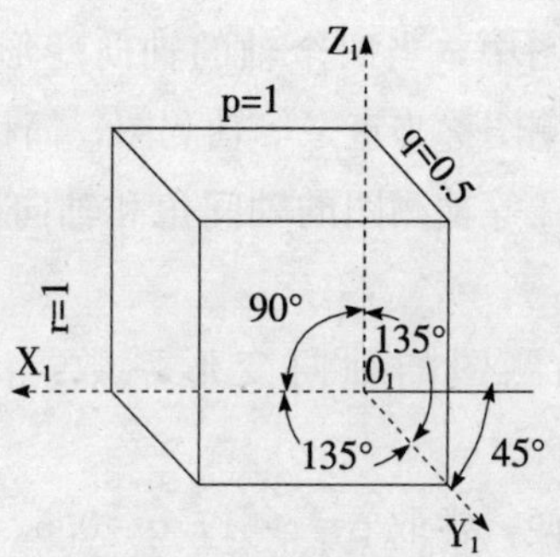

图 3—4 斜二等轴测图的轴间角和轴向变形系数

②不平行于轴测投影面的坐标面上的圆，其轴测投影为椭圆。

椭圆的画法，可采用“逐点描迹”，也可采用图 3—5的方法画椭圆。

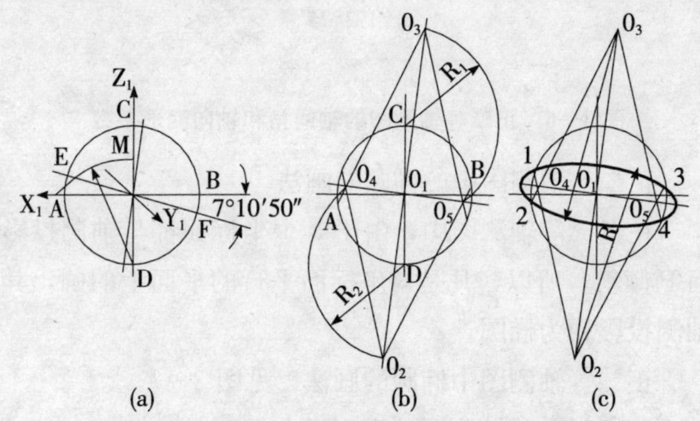

图 3—5 斜二等轴测图中椭圆的画法

③了解斜二等轴测图的适用场合——某一坐标面上的圆较多，而另外两个坐标面上没有圆，常采用斜二等轴测图。

(3) 掌握正二等轴测图画法。

在正轴测图中，当两个轴的轴向变形系数相等时，所得到的正轴测图称为正二等轴测图，简称正二测。

常用的正二等轴测图的轴间角和轴向变形系数，如图 3—6 所示。

正二等轴测图的轴向变形系数：p＝r＝0.94，q＝0.47。

为作图简便，常取 p＝r＝1，q＝0.5。

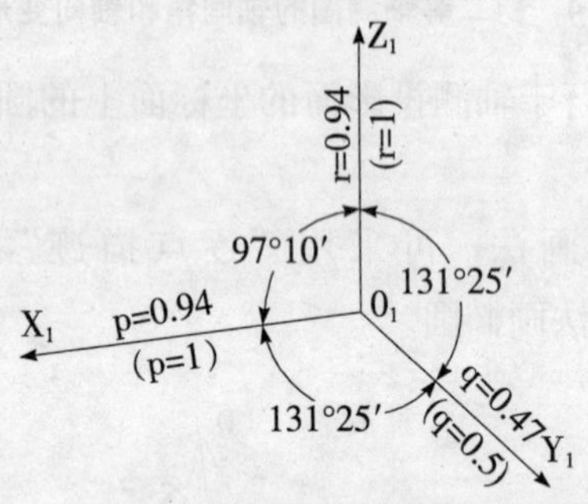

图 3—6　正二等轴测图的轴间角和轴向变形系数

正二等轴测图中的椭圆的画法。

在正二等轴测图中，由于 3 个坐标面都与轴测投影面 P 倾斜，所以，凡是与坐标面平行的平面上的圆，其轴测投影均为椭圆。

正二等轴测图中椭圆的画法，见图 3—7。

了解斜二等轴测图的适用场合。

27. 绘制正等轴测图

首先要熟悉中级《制图员国家职业资格培训教程》中有关轴测图的基本知识，如轴间角、轴向变形系数、椭圆长、短轴方向、四心圆近似画椭圆的方法，及轴测图尺寸标注的方向等。

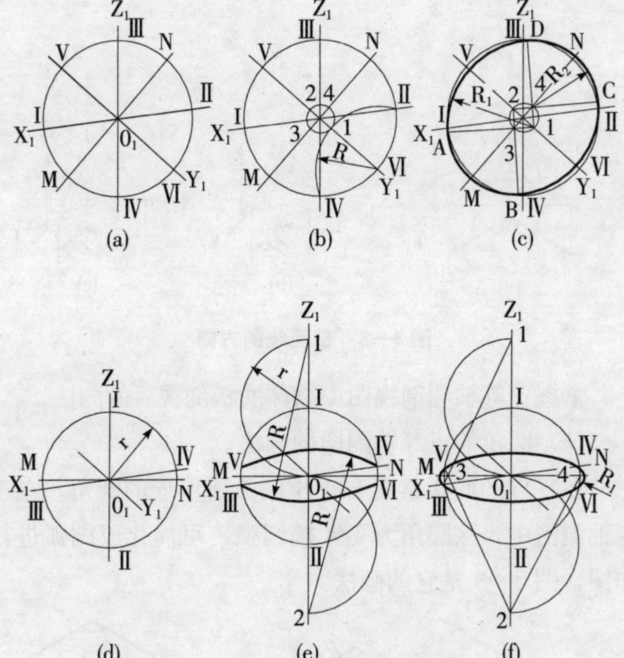

图 3—7　正二等轴测图中椭圆的画法

（1）了解绘制正等轴测图的方法。

适合于绘制棱柱或圆柱体的正等轴测图的方法——基面法。

适合于绘制组合体的正等轴测图的方法——叠加法。

适合于绘制一个或多个基本体被若干平面切割后形成的立体的正等轴测图的方法——切割法。

（2）绘制正等轴测剖视图。

了解正等轴测剖视图的画图方法——先画外形，再剖视；先画断面，再画投影。

了解正等轴测剖视图的规定，剖面线的方向。如

图 3—8。

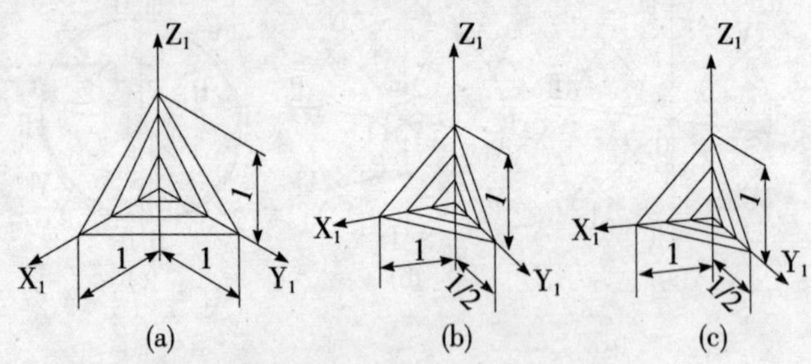

图 3—8　剖面线的方向

掌握正等轴测剖视图中物体肋板剖视后的画法。

（3）圆角的正等轴测图的画法。

在零件的底板常见有 1/4 圆弧所形成的圆角，在正等轴测图中，该圆角为 1/4 椭圆弧，可简化成圆弧进行作图，图 3—9 是它的画法。

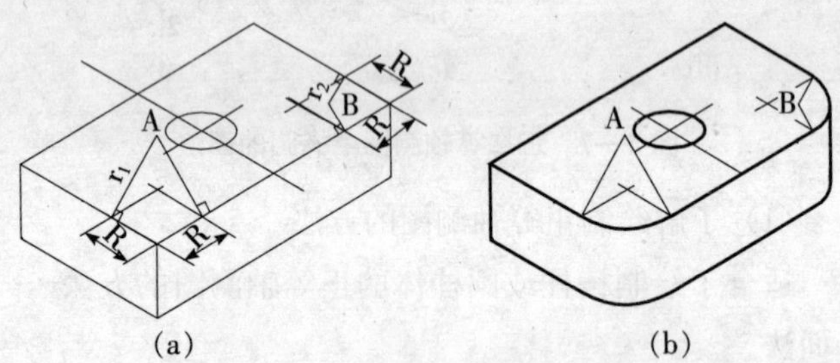

图 3—9　圆角的正等轴测图的画法

28. 软件管理

掌握软件图纸管理的各项功能，能自动和手动建立产品树并进行管理，能提取查询出所需的数据。

具体要掌握以下几点相关概念：

图纸管理系统的作用，产品树的作用，产品树根结点的含义，产品树的构成，产品树中组件的含义，图纸名称属性的含义，图纸管理的条件，统计操作的作用，查询操作的作用，系统信息的含义。

复习难点：

零件图的尺寸注法。在零件图上标注尺寸，要想达到正确、完整、清晰的要求，只要按照前面先后讲过的标注尺寸注意事项多加练习，都不难做到，难点在于合理地标注尺寸。因为要想做到合理地标注尺寸，使所注尺寸既符合设计要求，又满足工艺要求，以便于零件的加工、测量和检验，这要求绘图者必须具备一定的生产实践经验才行。对于不具备生产实践经验的初学者，应通过典型零件阶梯轴和阶梯孔的加工过程了解零件的加工方法和测量方法，使所注尺寸便于加工和便于测量；通过学习常见的零件工艺结构，重点弄懂倒角和退刀槽等常见工艺结构尺寸的正确标注方法。多参照典型图例的标注方式，不要轻易凭想像随意标注尺寸。对于房屋建筑专业图样的复习，中级制图员应注意的难点与初级制图员基本相同，只是这些难点所包括的内容更多一些，概括起来有以下几个方面。

楼房施工图的阅读。就专业图的知识来说，看懂房屋施工图所表达的房屋的结构形状，对于中级制图员也仍是一个难点。虽然常见的房屋多为“方块结构”，即房屋的整体形状可看作长方体的组合；房屋的各个构件也可看作长方体的组合。但房屋的结构形状总的看来都是比较复杂的，楼房的结构形状比起单层房屋就更复杂一些。考生应多看一些楼房施工图的范例，多观察身边实际的楼房结构，对照教程中楼房施工图的相关描述，切实理解建筑平面图、建筑立面图、建筑剖面图的表达方法和内容。只有理论联系实际，多做一些画图、看图的练习，才能不断提高空间想像能力，通过看楼房施工图，想出图形所表达的楼房的结构形状，从而理解和掌握楼房施工图画法的有关规定。

制图标准中关于绘制房屋施工图的相关规定。这方面有不少规定需要考生记忆。如初级考核指导中已提到的比例、线型、定位轴线编号、门窗编号、尺寸注法、标高注法等。中级考核中又增加了若干规定，如有关房屋总平面图的规定，详图索引符号和详图符号的规定，楼梯详图和楼层结构平面布置图画法的规定等。这些规定只是执行标准而已，有的很难通过理解来记忆，但考生仍需牢记，必要时需花费专门的时间背诵。

图线、字体的练习。画出符合标准的图线，写出符合标准的字体，对于手工绘图是较难掌握的。只记住制图标准中关于图线、字体的有关规定，还不算真正具备了绘图技能，即只能应付“知识”测试，难以通过“技能测试”，要画出符合标准的图线，写出符合标准的字体，考生应通过大量的绘图练习，除此之外，没有捷径可使考生解决这一难点，成为一名合格的制图员。对中级制图员在理论知识和操作技能方面的要求都更高一些，不要认为这些难点与初级考核指导中提到的相同而轻视它们。

第四章　理论知识试题精选

通用部分

一、单项选择（第 1 题～第 93 题。选择一个正确的答案，将相应的字母填入题内的括号中。）

1. 职业道德的内容不包括（　　）。

A. 职业道德意识

B. 职业道德行为规范

C. 从业者享有的权利

D. 职业守则

2. 职业道德的实质内容是（　　）。

A. 改善个人生活

B. 增加社会的财富

C. 树立全新的社会主义劳动态度

D. 增强竞争意识

3. 职业道德主要概括本职业的职业业务和（　　），反映本职业的特殊利益和要求。

A. 职业分工

B. 人才分类

C. 职业文化

D. 职业职责

4. 制图员的职业道德是规定制图员在职业活动中的（　　）。

A. 行为规范

B. 工作要求

C. 必遵守则

D. 工作和学习

5.（　　）包括两层含义，其一是指工作质量，其二是指人品。

A. 爱岗敬业

B. 注重信誉

C. 讲究质量

D. 积极进取

6.（　　）就是要顾全大局，要有团队精神。

A. 爱岗敬业

B. 注重信誉

C. 团结协作

D. 积极进取

7. 一张 A0 幅面图纸相当于（　　）张 A3 幅面图纸。

A. 5

B. 6

C. 7

D. 8

8. 制图国家标准规定，图纸的标题栏必须配置在图框的（　　）位置。

A. 左上角

B. 右下角

C. 左下角

D. 右上角

9. 图样上标注的尺寸，一般应由尺寸界线、（　　）、尺寸数字组成。

A. 尺寸线

B. 尺寸箭头

C. 尺寸箭头及其终端

D. 尺寸线及其终端

10. 尺寸线终端形式有（　　）两种形式。

A. 箭头和圆点

B. 箭头和斜线

C. 圆圈和圆点

D. 粗线和细线

11. 尺寸线不能用其他图线代替，一般也（　　）与其他图线重合或画在其延长线上。

A. 不得

B. 可以

C. 允许

D. 必须

12. 使用圆规画圆时，应尽可能使钢针和铅芯（　　）于纸面。

A. 平行

B. 垂直

C. 倾斜

D. 远离

13. 平行投影法分为（　　）两种。

A. 中心投影法和平行投影法

B. 正投影法和斜投影法

C. 主要投影法和辅助投影法

D. 一次投影法和二次投影法

14.（　）是投射线相互平行的投影法。

A. 平行投影法

B. 中心投影法

C. 主要投影法

D. 辅助投影法

15. 工程上常用的投影有（　）、轴测投影、透视投影和标高投影。

A. 多面正投影

B. 单面正投影

C. 多面斜投影

D. 单面斜投影

16.（　）不属于典型的微型计算机绘图系统的组成部分。

A. 程序输入设备

B. 图形输入设备

C. 图形输出设备

D. 主机

17. 图形输出设备有打印机、（　）、显示器等。

A. 数字化仪

B. 扫描仪

C. 绘图机

D. 软盘

18. 计算机绘图的方法分为（　）绘图和编程绘图两种。

A. 手工

B. 交互

C. 扫描

D. 自动

19. （　　）一般包括计时工资、计件工资、奖金、津贴和补贴、延长工作时间的工资报酬及特殊情况下支付的工资。

A. 岗位津贴

B. 劳动收入

C. 工资

D. 劳动报酬

20. 点的水平投影反映（　　）坐标。

A. x、z

B. y、z

C. x、y

D. y、z

21. 空间直线与投影面的相对位置关系有（　　）种。

A. 1

B. 2

C. 3

D. 4

22. （　　）一个投影面同时倾斜于另外两个投影面的直线称为投影面平行线。

A. 平行于

B. 垂直于

C. 倾斜于

D. 相交于

23. （　　）一个投影面同时倾斜于另外两个投影面的平面称为投影面垂直面。

A. 平行于

B. 垂直于

C. 倾斜于

D. 相交于

24. 点的投影变换中，新投影到（　　）的距离等于旧投影到旧坐标轴的距离。

A. 新坐标轴

B. 旧投影轴

C. 新坐标

D. 旧坐标

25. 直线的投影变换中，（　　）变换为投影面垂直线时，新投影轴的设立原则是新投影轴垂直反映直线实长的投影。

A. 平行线

B. 倾斜线

C. 垂直线

D. 一般位置线

26. 一般位置平面变换为投影面垂直面时，设立的新投影轴必须（　　）平面中的一直线。

A. 垂直于

B. 平行于

C. 相交于

D. 倾斜于

27. 锥度的标注包括（　　）。

A. 指引线、锥度符号

B. 锥度符号、锥度值

C. 指引线、锥度值

D. 指引线、锥度符号、锥度值

28. 物体由前向（　　）投影，在正投影面得到的视图，称为主视图。

A. 后

B. 右

C. 左

D. 下

29.（　　）基本体的特征是每个表面都是平面。

A. 圆锥

B. 圆柱

C. 平面

D. 多边形

30. 曲面基本体的特征是至少有（　　）个表面是曲面。

A. 3

B. 2

C. 1

D. 4

31.（　　）的表面可以看作是由一条半圆母线绕其直径回转而成。

A. 圆锥体

B. 圆柱体

C. 球体

D. 回转体

32. 截平面与圆柱体轴线垂直时截交线的形状是（　　）。

A. 圆

B. 矩形

C. 椭圆

D. 三角形

33. 截平面与圆锥轴线平行时截交线的形状是（　　）。

A. 圆

B. 矩形

C. 椭圆

D. 双曲线

34. 截平面与（　　）轴线倾斜时截交线的形状是椭圆。

A. 圆球

B. 棱柱

C. 圆柱

D. 棱锥

35. 平面与圆锥相交，当截交线形状为三角形时，说明截平面（　　）。

A. 倾斜于轴线

B. 垂直于轴线

C. 平行于轴线

D. 通过锥顶

36. 平面与圆锥相交，当截交线形状为圆时，说明截平面（　　）。

A. 通过圆锥锥顶

B. 通过圆锥轴线

C. 平行圆锥轴线

D. 垂直圆锥轴线

37. 平面与圆锥相交且平面平行于圆锥轴线时，截交线形状为（　　）。

A. 圆

B. 椭圆

C. 抛物线

D. 双曲线

38. 两圆柱相交，其表面交线称为（　　）。

A. 截交线

B. 相贯线

C. 空间曲线

D. 平面曲线

39. 相贯线是两立体表面的共有线，是（　　）立体表面的共有点的集合。

A. 一个

B. 两个

C. 三个

D. 四个

40. 圆柱与圆锥正交，圆柱穿过圆锥时，相贯线一般是一条（　　）曲线。

A. 非闭合的空间

B. 封闭的空间

C. 封闭的平面

D. 非封闭的平面

41. 求相贯线的基本方法是（　　）法。

A. 辅助平面

B. 辅助投影

C. 辅助球面

D. 表面取线

42. 求相贯线的基本方法是（　　）法。

A. 辅助曲线

B. 辅助球面

C. 辅助平面

D. 辅助素线

43. 组合体的组合形式分为（　　）和切割两种。

A. 相交

B. 截交

C. 叠加

D. 挖切

44. 正确、完全、清晰、合理是组合体尺寸标注的（　　）。

A. 基本要求

B. 基本概念

C. 基本形式

D. 基本情况

45. 三视图中的线框，可以表示物体上（　　）的投影。

A. 曲面

B. 直线

C. 切线

D. 交线

46. 六个基本视图的配置中（　　）在主视图的上方且长对正。

A. 仰视图

B. 右视图

C. 左视图

D. 后视图

47. 将机件的某一部分向基本投影面投影所得的视图称为（　）。

A. 基本视图

B. 向视图

C. 斜视图

D. 局部视图

48. 机件向（　）于基本投影面投影所得的视图叫斜视图。

A. 平行

B. 不平行

C. 不垂直

D. 倾斜

49. 斜视图适用于机件上与基本投影面（　）的结构。

A. 平行

B. 倾斜

C. 交叉

D. 相交

50. （　）断面图的轮廓线用细实线绘制。

A. 重合

B. 移出

C. 中断

D. 剖切

51. 目标（工具点）捕捉不能捕捉到（　）。

A. 端点

B. 中点

C. 切点

D. 拐点

52. 计算机绘图时，设立的每一图层的层名是（　　）的。

A. 惟一

B. 固定

C. 变化

D. 重复

53. 在计算机绘图中，图层的状态包括，层名、线型、颜色、（　　）以及是否为当前层等。

A. 可用或不可用

B. 可见或不可见

C. 显示或不显示

D. 打开或关闭

54. 下面有关当前层的描述错误的是（　　）。

A. 当前层上的图形是可编辑的

B. 当前层上的图形是可见的

C. 用编辑命令只能编辑当前层上的图形

D. 用绘图命令所画的图形就绘制在当前层上

55. 用计算机绘图时，为了画图方便，我们将图形的某一部分在屏幕上放大，需使用（　　）命令。

A. 显示平移

B. 显示缩放

C. 比例平移

D. 比例缩放

56. 下面有关另存文件的描述错误的是（　　）。

A. 更换文件名再存储属于另存文件

B. 将文件按原名在原位置存储也属于另存文件

C. 将文件按原名在原位置存储也属于存储文件

D. 将文件按原名在其他位置存储属于另存文件

57. 用计算机绘图软件绘制直线时，设成正交方式可使所绘制的直线与（　　）平行。

A. 已有直线

B. 屏幕坐标轴

C. 指定方向

D. 边界

58. 用计算机绘图时，栅格由一系列排列规则的点组成，它类似于手工绘图用的（　　）。

A. 图纸边框

B. 方格纸

C. 比例尺

D. 区域标记

59. 使用计算机绘制的图形，（　　）不能使用查询命令得到。

A. 线段长度

B. 图形面积

C. 特征点坐标

D. 特征点特性

60. 有 2 个轴的轴向变形系数相等的斜轴测投影称为（　　）。

A. 斜二测

B. 正二测

C. 正等测

D. 正三测

61. 在斜二等轴测图中，坐标面与轴测投影面平行，凡与坐标面平行的平面上的圆，轴测投影为（　　）。

A. 椭圆

B. 直线

C. 曲线

D. 圆

62. 在斜二轴测图中，与坐标面不平行的平面上的圆，其（　　）为椭圆。

A. 三视图

B. 平面图

C. 剖视图

D. 轴测图

63. 为作图方便，一般取 p＝r＝1，q＝0.5 作为正二测的（　　）。

A. 系数

B. 变形系数

C. 简化轴向变形系数

D. 轴向变形系数

64. 在轴测投影中，物体上平行于轴测投影面的平面，其投影反映（　　）。

A. 类似形

B. 积聚成一条线

C. 实形

D. 积聚成一个点

65. 互相垂直的 3 个直角坐标轴在（　　）的投影称为轴测轴。

A. 正面

B. 水平面

C. 侧平面

D. 轴测投影面

66. 正等轴测图的轴间角角度之和是（　　）。

A. 100°

B. 200°

C. 360°

D. 720°

67. 3个轴测轴的轴向变形系数都相等的正轴测图称为（　　）轴测图。

A. 正二等

B. 正三等

C. 斜二等

D. 正等

68. 斜二测的轴间角分别为（　　）。

A. 97°、131°、132°

B. 120°、120°、120°

C. 90°、135°、135°

D. 45°、110°、205°

69. 为表示物体的（　　）形状，需要在轴测图上作剖切。

A. 局部

B. 内部

C. 断面

D. 主视图

70. 要画出物体的三视图，可直接根据轴测图的（　　）画在相应视图上。

A. 形状

B. 标注

C. 尺寸

D. 剖视断面

71. 绘制组合体的正等轴测图时，可用（　　）绘制。

A. 换面法

B. 旋转法

C. 直角三角形法

D. 叠加法

72. 用叠加法绘制（　　）的正等轴测图，先用形体分析法将组合体分解成若干个基本体。

A. 基本体

B. 切割体

C. 组合体

D. 圆柱体

73. 一个或多个（　　）被若干个平面切割而形成的立体，称为切割体。

A. 基本体

B. 棱柱体

C. 组合体

D. 圆柱体

74. 画切割体的正等轴测图，可先画其基本体的（　　）。

A. 主视图

B. 三视图

C. 正等轴测图

D. 透视图

75. 为表达物体内部形状，在（　　）上也可采用剖视图画法。

A. 物体

B. 纵剖面

C. 正平面

D. 轴测图

76. 画轴测剖视图，不论（　　）是否对称，均假想用两个相互垂直的剖切平面将物体剖开，然后画出其轴测剖视图。

A. 图形

B. 左视图

C. 正平面

D. 物体

77. 画正等轴测剖视图，可先画物体完整的（　　）。

A. 正等轴测图

B. 三视图

C. 主视图

D. 平面图

78. 画正六棱柱的正等轴测图，首先确定（　　）。

A. 顶面

B. 底面

C. 侧面

D. 坐标轴

79. 画圆柱的正等轴测图，先定出（　　）。

A. 底面

B. 顶面

C. 坐标轴

D. 坐标原点

80. 画圆锥台的正等轴测图，先画出（　　）。

A. 顶面、底面两椭圆

B. 顶面椭圆

C. 底面椭圆

D. 顶面、底面的高度

81. 带圆角底板的正等轴测图，当圆心在短轴时是（　　）。

A. 小圆

B. 大圆

C. 大、小圆各 1/2

D. 大、小圆各 1/4

82. 画开槽圆柱体的正等轴测图，首先画出圆柱上下端面的（　　）及槽底平面的椭圆。

A. 主视图

B. 圆

C. 椭圆

D. 平面

83. 画（　　）的正等轴测图，一般采用叠加法。

A. 圆柱

B. 圆

C. 支架

D. 棱柱

84. 图纸管理系统可以对成套图纸按照指定的路径自动（　　）文件、提取数据、建立产品树。

A. 建立

B. 搜索

C. 复制

D. 删除

85. 产品树的作用是反映（　　）的装配关系。

A. 产品

B. 标准件

C. 常用件

D. 零件

86. 产品树中的根结点应是产品的（　　）。

A. 效果图

B. 示意图

C. 装配简图

D. 装配图

87. 产品树由根结点和（　　）结点构成。

A. 下级

B. 中间

C. 附属

D. 次要

88. 产品树中的组件是指（　　）结点或下级结点。

A. 主要

B. 根

C. 中间

D. 中心

89. 自动生成产品树时，（　　）明细表中的信息可添加到产品树下级结点中。

A. 零件图

B. 技术说明

C. 装配图

D. 产品

90. 对成套图纸进行管理的条件是：图纸中必须有反映产品装配关系的（　　）。

A. 效果图

B. 结构图

C. 装配图

D. 零件图

91.（　　）系统中，统计操作对产品树中的数据信息进行统计。

A. 产品管理

B. 图形管理

C. 文件管理

D. 图纸管理

92. 图纸管理系统中，（　　）操作对产品树中的信息进行查询。

A. 分析

B. 统计

C. 查询

D. 计算

93. 图纸管理系统中，显示操作是以（　　）方式显示产品树的信息。

A. 列表

B. 数据

C. 图形

D. 文本

二、判断题（第 94 题～第 153 题。将判断结果填入括号中。正确的填“√”，错误的填“×”。）

94.（ ）职业道德是社会道德的重要组成部分，是精神文明建设和规范在职业活动中的具体化。

95.（ ）职业道德能调节从业人员与其实践活动对象之间的关系，保证社会生活的正常进行和推动社会的发展与进步。

96.（ ）忠于职守就是要求制图人员忠于制图员这个特定的工作岗位，自觉履行制图员的各项职责，保质保量地完成承担的各项任务。

97.（ ）同一产品的图样，可以采用不留装订边和留有装订边两种混用图框格式。

98.（ ）图纸中字体的宽度一般为字体高度的 1/2 倍。

99.（ ）尺寸界线应由图形的轮廓线、轴线或对称中心线处引出，也可利用轮廓线、轴线或对称中心线作尺寸界线。

100.（ ）线性尺寸数字一般注在尺寸线的上方或中断处，同一张图样上尽可能采用一种数字注写方法。

101.（ ）标注圆的直径尺寸时，应在尺寸数字前加注符号“Sϕ”。

102.（ ）画图时，铅笔在前后方向应与纸面垂直，而且向画线前进方向倾斜约 30°。

103.（ ）中心投影法是投射线汇交一点的投影法。

104.（ ）斜投影是中心投影。

105.（ ）AUTO CAD 是目前我国比较流行计算机绘图软件。

106.（ ）劳动合同是劳动者与用人单位确定劳动关系、明确双方权利和义务的协议。

107.（　　）点的正面投影，反映 x、z 坐标。

108.（　　）投影面垂直线与两个投影面平行。

109.（　　）同时倾斜于三个投影面的直线称为一般位置直线。

110.（　　）投影面平行面同时垂直于两个投影面。

111.（　　）一般位置平面同时倾斜于二个投影面。

112.（　　）投影变换中，新投影面的建立必须与空间几何元素处于有利于解题的位置。

113.（　　）一般位置线变换为投影面平行线时，新投影轴的设立原则是新投影轴垂直于直线的投影。

114.（　　）投影面垂直面变换为投影面平行面时，设立的新投影轴必须垂直于平面积聚为直线的那个投影。

115.（　　）斜度是用尺寸线的形式标注在图中。

116.（　　）圆弧连接的要点是求圆心、求切点、画圆弧。

117.（　　）已知椭圆长短轴做椭圆的精确画法，是同心圆法。

118.（　　）球体截交线的种类有 1 种情况。

119.（　　）截平面与圆柱轴线平行时截交线的形状是矩形。

120.（　　）截平面与圆柱轴线垂直时截交线的形状是椭圆。

121.（　　）两直径不等的圆柱正交时，相贯线一般是一条封闭的空间曲线。

122.（　　）圆柱与球相交且轴线通过球心时，相贯线的形状为圆。

123.（　　）圆锥与球相交且轴线通过球心时，相贯线的形状为圆。

124.（　）视图中的一条图线，可以是物体上某一平行面的投影。

125.（　）读组合体视图时的基本方法是形体分析法。

126.（　）六个基本视图的投影关系是主、俯、右、仰视图长对正。

127.（　）画斜视图时，必须在视图的上方标出视图的名称“X”（“X”为大写的拉丁字母），在相应视图附近用箭头指明投影方向，并注上相同的字母。

128.（　）移出断面图和重合断面图均画在图形里边。

129.（　）断面图中，当剖切平面通过非圆孔，会导致出现完全分离的两个剖面时，这些结构应按剖视图绘制。

130.（　）目标（工具点）捕捉，就是用鼠标对特征点进行搜索和锁定，以便快速、准确地使用它们。

131.（　）在斜轴测投影中，常用的是正二轴测图。

132.（　）斜二轴测图的轴向变形系数均为 0.82。

133.（　）正二等轴测图属于正投影的一种。

134.（　）正二等轴测图中，有 2 个轴的轴间角为 131°25′。

135.（　）正二等轴测图在采用简化变形系数后，各坐标面上的椭圆短轴的长度均为 0.35D。

136.（　）在正等轴测图中，常采用简化的轴向变形系数画图，变形系数为 1。

137.（　）在正等轴测图中，采用简化轴向变形系数时，平行于坐标面的椭圆的长轴等于圆的 1.22D。

138.（　）在正等轴测图上，一般用 X 轴方向表示物体的长度。

139.（　）轴测图上的尺寸数字乘上简化变形系数，是物体的真实大小。

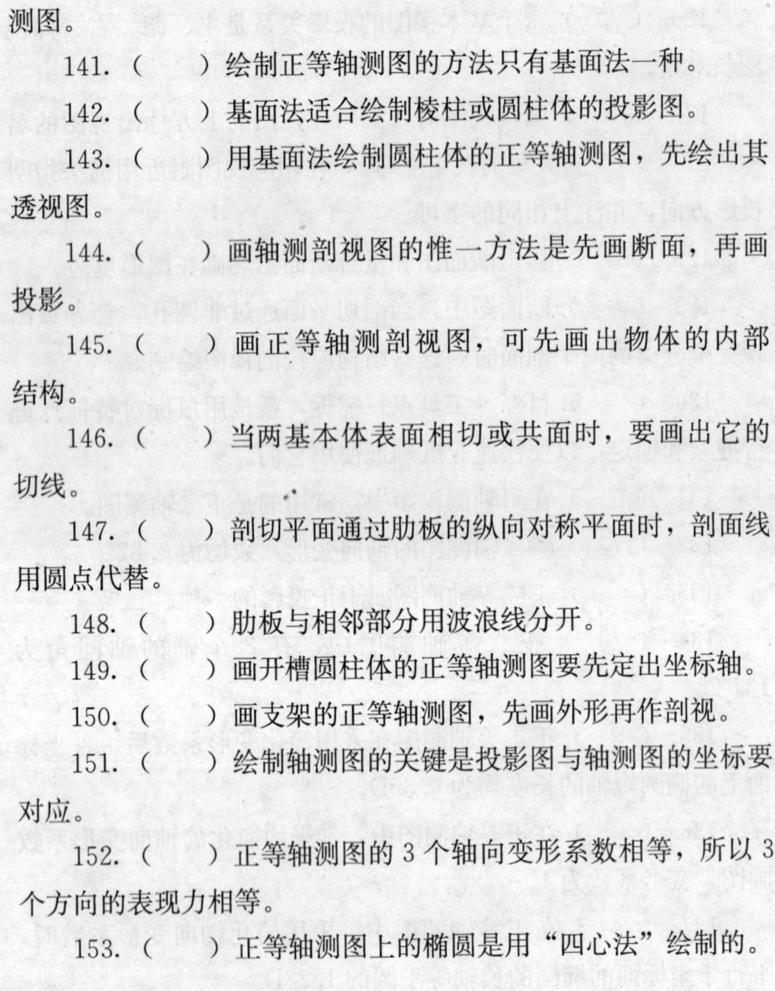

140.（　）在投影图中画出直角坐标系，再画物体正等轴测图。

141.（　）绘制正等轴测图的方法只有基面法一种。

142.（　）基面法适合绘制棱柱或圆柱体的投影图。

143.（　）用基面法绘制圆柱体的正等轴测图，先绘出其透视图。

144.（　）画轴测剖视图的惟一方法是先画断面，再画投影。

145.（　）画正等轴测剖视图，可先画出物体的内部结构。

146.（　）当两基本体表面相切或共面时，要画出它的切线。

147.（　）剖切平面通过肋板的纵向对称平面时，剖面线用圆点代替。

148.（　）肋板与相邻部分用波浪线分开。

149.（　）画开槽圆柱体的正等轴测图要先定出坐标轴。

150.（　）画支架的正等轴测图，先画外形再作剖视。

151.（　）绘制轴测图的关键是投影图与轴测图的坐标要对应。

152.（　）正等轴测图的 3 个轴向变形系数相等，所以 3 个方向的表现力相等。

153.（　）正等轴测图上的椭圆是用“四心法”绘制的。

通用部分标准答案

一、单项选择（第 1 题～第 93 题。选择一个正确的答案，将相应的字母填入题内的括号中。）

1. C　2. C　3. D　4. A　5. B　6. C　7. D　8. B　9. D　10. B
11. A　12. B　13. B　14. A　15. A　16. A　17. C　18. B　19. C
20. C　21. C　22. A　23. B　24. A　25. A　26. A　27. D　28. A
29. C　30. C　31. C　32. A　33. D　34. C　35. D　36. D　37. D
38. B　39. B　40. B　41. A　42. C　43. C　44. A　45. A　46. A
47. D　48. B　49. B　50. A　51. D　52. A　53. D　54. C　55. B
56. B　57. B　58. B　59. D　60. A　61. D　62. D　63. C　64. C
65. D　66. C　67. D　68. C　69. B　70. C　71. D　72. C　73. A
74. C　75. D　76. D　77. A　78. D　79. D　80. A　81. B　82. C
83. C　84. B　85. A　86. D　87. A　88. B　89. C　90. C　91. D
92. C　93. D

二、判断题（第 94 题～第 153 题。将判断结果填入括号中。正确的填“√”，错误的填“×”。）

94. √　95. √　96. √　97. ×　98. ×　99. √　100. √　101. ×
102. √　103. √　104. ×　105. √　106. √　107. √　108. √
109. √　110. √　111. ×　112. √　113. ×　114. ×　115. ×
116. √　117. √　118. √　119. √　120. ×　121. √　122. √
123. √　124. √　125. √　126. ×　127. √　128. ×　129. √
130. √　131. ×　132. ×　133. √　134. √　135. ×　136. √
137. √　138. √　139. ×　140. ×　141. ×　142. ×　143. ×
144. ×　145. ×　146. ×　147. ×　148. ×　149. √　150. ×
151. √　152. √　153. √

机械部分试题精选

一、单项选择（第 1 题～第 28 题。选择一个正确的答案，将相应的字母填入题内的括号中。）

1. 目前，在（ ）中仍采用 GB4457.4—84 中规定的 8 种线型。

A. 机械图样

B. 所有图样

C. 技术制图

D. 建筑制图

2. 在机械图样中，细点画线一般用于表示轴线、（ ）、轨迹线和节圆及节线。

A. 对称中心线

B. 可见轮廓线

C. 断裂边界线

D. 可见过渡线

3. 零件图中不需要（ ）。

A. 表达零件的内外结构

B. 注明零件上重要尺寸的尺寸公差

C. 表示零件在机器中的作用

D. 指出零件所用的材料

4. 零件按结构特点可分为（ ）。

A. 轴套类、盘盖类、叉架类、箱壳类和薄板类

B. 标准件和非标准件

C. 焊接件、铸造件、机加工件

D. 一般类、精密类和航空类

5.（　　）不是装配图的作用。

A. 指导机器的装配

B. 表达机器的性能

C. 体现设计思想

D. 指导零件的加工

6. 常用的（　　）有螺栓、螺柱、螺钉、螺母和垫圈等。

A. 螺纹零部件

B. 螺纹紧固件

C. 紧固螺纹件

D. 连接螺纹件

7. 装配图中当剖切平面纵剖螺栓、螺母、垫圈等（　　）时，按不剖绘制。

A. 连接件及配合件

B. 紧固件及标准件

C. 紧固件及空心件

D. 紧固件及实心件

8. 螺栓连接用于连接两零件厚度不大和需要（　　）的场合。

A. 不常检测

B. 经常检测

C. 不常拆卸

D. 经常拆卸

9. 采用比例画法时，螺栓直径为 d，螺栓头厚度为 0.7d，螺纹长度为（　　），六角头画法同螺母。

A. 1d

B. 2d

C. 3d

D. 4d

10. 画螺钉连接装配图时，螺钉的螺纹终止线应画在螺纹孔口（　　）。

A. 之前

B. 之后

C. 之外

D. 之内

11. 叉架类零件通常由工作部分、支撑部分及连接部分组成，形状（　　），零件上常有叉形结构、肋板和孔、槽等。

A. 比较复杂且不规则

B. 比较简单且不规则

C. 比较复杂且较规则

D. 比较简单且较规则

12. 叉架类零件一般需要两个以上基本视图表达，常以工作位置为主视图，反映主要形状特征。（　　）采用局部视图或斜视图，并用剖视图、断面图、局部放大图表达局部结构。

A. 连接部分和细部结构

B. 工作部分和支撑结构

C. 底座部分和倾斜结构

D. 主要部分和次要结构

13. 叉架类零件尺寸基准常选择安装基面、对称平面、孔的（　　）。

A. 内外直径面

B. 各个轴肩面

C. 中心线和轴线

D. 安装面和键槽

14. 箱壳类零件主要起包容、支撑其他零件的作用，常有（　　）、凸台、肋、安装板、光孔、螺纹孔等结构。

A. 轴肩、退刀槽

B. 内腔、轴承孔

C. 键槽、中心孔

D. 拨叉、斜支架

15. 箱壳类零件一般需要两个以上基本视图来表达，主视图按（　　）放置，投影方向按形状特征来选择。一般采用通过主要支撑孔轴线的剖视图表达其内部结构形状，局部结构常用局部视图、局部剖视图、断面表达。

A. 加工位置

B. 工作位置

C. 需要位置

D. 任意位置

16. 箱壳类零件（　　）的主要尺寸基准通常选用轴孔中心线、对称平面、结合面和较大的加工平面。

A. 左、中、右三个方向

B. 长、宽、高三个方向

C. 上、中、下三个方向

D. 前、中、后三个方向

17. 对于零件上用（　　）的不通孔或阶梯孔，画图时锥角一律画成 120°。钻孔深度是指圆柱部分的深度，不包括锥坑。

A. 钻头钻出

B. 铸造铸出

C. 车床车出

D. 模具压出

18. 管螺纹的标注形式为“螺纹特征代号”、“（　　）”、“公差等级”。

A. 尺寸代号

B. 牙型代号

C. 公称直径

D. 公称尺寸

19. 当螺纹为左旋时，必须在“T_r 公称直径×螺距”之后（　　），右旋则不需标注。

A. 加注“左旋”

B. 加注“左”

C. 加注“LH”

D. 加注“RH”

20. 表面粗糙度的代号应标注在可见轮廓线、尺寸线、尺寸界线或它们的延长线上，其中（　　）必须从材料外指向材料表面。

A. 参数的字母

B. 代号的参数

C. 符号的尾端

D. 符号的尖端

21.（　　）中数字的方向必须与图中尺寸数字的方向一致。

A. 标题栏

B. 技术要求

C. 表面加工符号

D. 表面粗糙度代号

22. 标注表面粗糙度时，当零件所有表面具有相同的特征时，其代号可在图样的右上角统一标注，且（　　）应为图样上其他代号的1.4倍。

A. 数字的大小

B. 数字的数值

C. 代号的粗细

D. 代号的大小

23. 尺寸公差中的极限偏差是指极限尺寸减基本尺寸所得的（　　）。

A. 偶数差

B. 奇数差

C. 代数差

D. 级数差

24. 基本尺寸相同，相互结合的孔和轴公差带之间的关系，称为（　　）。

A. 雷同

B. 结合

C. 配合

D. 配套

25. 配合的种类有（　　）、过盈配合、过渡配合3种。

A. 间隙配合

B. 过紧配合

C. 基孔配合

D. 基轴配合

26.（　　）是基本偏差为一定的孔的公差带，与不同基本偏差的轴的公差带形成各种配合的一种制度。

A. 基准轴

B. 基准孔

C. 基轴制

D. 基孔制

27. 国家标准规定了公差带由标准公差和基本偏差两个要素组成。标准公差确定公差带大小，基本偏差确定（　　）。

A. 偏差数值

B. 偏差等级

C. 公差带位置

D. 公差带方向

28. 零件图上尺寸公差的标注形式有 3 种：（1）基本尺寸数字后边注写公差带代号；（2）基本尺寸数字后边注写上、下偏差；（3）基本尺寸数字后边同时注写（　　），后者加括号。

A. 公差带图号和相应的上、下图号

B. 标准公差代号和相应的上、下公差

C. 公差带代号和相应的上、下偏差

D. 基本偏差代号和相应的上、下偏差

二、判断题（第 29 题～第 37 题。将判断结果填入括号中。正确的填"√"，错误的填"×"。）

29.（　　）完整的装配图只要有表达机器或部件的工作原理，各零件间的位置和装配关系的完整的视图即可。

30.（　　）采用比例画法时，六角螺母内螺纹大径为 D，六边形长边为 2D，倒角圆与六边形内切，螺母厚度为 0.8D，倒角形成的圆弧投影半径分别为 1.5D、1D。

31.（　　）采用比例画法时，螺栓直径为 d，平垫圈外径为 2d，内径为 1d，厚度为 0.5d。

32.（　　）螺柱连接多用于两连接件厚度不大和需要经常

拆卸的场合。

33.（　　）画螺柱连接装配图时，螺柱旋入机体一端的螺纹，必须画成全部旋入螺孔内的形式。

34.（　　）零件图上，对铸造圆角的尺寸标注可在技术要求中用“未注加工圆角 R×—R×”方式标注。

35.（　　）零件图中一般的退刀槽可按“直径×槽宽”或“槽宽×槽深”的形式标注尺寸。

36.（　　）表面粗糙度主要评定参数中应用最广泛的轮廓算术平均偏差用 R_y 代表。

37.（　　）尺寸公差中的极限尺寸是指尺寸测量中的两个极限值。

机械部分标准答案

一、单项选择（第 1 题～第 28 题。选择一个正确的答案，将相应的字母填入题内的括号中。）

1. A　2. A　3. C　4. A　5. D　6. B　7. D　8. D　9. B　10. C
11. A　12. A　13. C　14. B　15. B　16. B　17. A　18. A　19. C
20. D　21. D　22. D　23. C　24. C　25. A　26. D　27. C　28. C

二、判断题（第 29 题～第 37 题。将判断结果填入括号中。正确的填“√”，错误的填“×”。）

29. ×　30. √　31. ×　32. ×　33. √　34. ×　35. ×　36. ×
37. ×

土建部分试题精选

一、单项选择（第 1 题～第 26 题。选择一个正确的答案，将相应的字母填入题内的括号中。）

1. 同一建筑图样中，若粗线的线宽为 1mm，则中等线宽为（　　）。

A. 0. 6mm

B. 0. 5mm

C. 0. 4mm

D. 0. 3mm

2. 建筑施工图中，剖面图中主要构件的断面轮廓线用（　　）画出。

A. 粗实线

B. 中实线

C. 细实线

D. 特粗线

3. 房屋施工图按（　　）的不同分为建筑施工图、结构施工图和设备施工图。

A. 内容多少

B. 用途

C. 施工顺序

D. 施工机械

4. 房屋的结构施工图中不包括该房屋的（　　）。

A. 基础平面图

B. 基础详图

C. 建筑详图

D. 楼板配筋图

5. 房屋的室内给、排水施工图包括（　　）。

A. 给、排水系统平面图

B. 给水泵装配图

C. 闸阀及水龙头详图

D. 给水泵零件图

6. 房屋的室外给、排水施工图不包括（　　）。

A. 管道布置平面图

B. 水表详图

C. 管道纵断面图

D. 检查井详图

7. 房屋的（　　）是反映房屋位置、朝向等内容的水平投影图。

A. 建筑平面图

B. 结构平面图

C. 总平面图

D. 屋顶平面图

8. 1∶500 是绘制房屋（　　）的常用比例。

A. 建筑平面图

B. 屋顶平面图

C. 总平面图

D. 建筑施工图

9. 绘制建筑总平面图的比例不包括（　　）。

A. 1∶500

B. 1∶1000

C. 1∶2000

D. 1：3000

10. 房屋的总平面图中，轮廓线画上“×”号的建筑物表示要（　　）的建筑物。

A. 加固

B. 装修

C. 拆除

D. 扩建

11. 房屋施工图中，指北针的箭尾宽度为（　　）毫米。

A. 2

B. 2.5

C. 3

D. 3.5

12. 我国以（　　）海平面的平均高度作为绝对标高的零点高度。

A. 东海

B. 黄海

C. 南海

D. 北海

13. 以房屋首层主要地面高度作为零点标高，称为（　　）。

A. 结构标高

B. 基础标高

C. 绝对标高

D. 相对标高

14. 能够反映出屋面排水情况的平面图是（　　）。

A. 管道平面图

B. 排水平面图

C. 顶层平面图

D. 屋顶平面图

15. 在（　　）中，应画出室外的散水、台阶和花台。

A. 二层平面图

B. 标准层平面图

C. 屋顶平面图

D. 底层平面图

16. 在两条定位轴线之间如需附加轴线时，编号可用（　　）表示。

A. 分数

B. 小数

C. 字母后加数字

D. 数字后加字母

17. 详图索引符号中，（　　）。

A. 上半圆注详图编号，下半圆注被索引图纸的编号

B. 下半圆注详图编号，上半圆注被索引图纸的编号

C. 上半圆注所用标准图册的编号，下半圆注详图编号

D. 上半圆注详图编号，下半圆注所用标准图册的编号

18. 索引出的详图如果与被索引的详图在一张图纸中，应在索引符号的下半圆中（　　）。

A. 注出详图编号

B. 注出详图所在图纸编号

C. 画一段水平粗实线

D. 画一段水平细实线

19. 详图与被索引的图样不在同一张图纸内时，则应在详图符号的（　　）内注明被索引图纸的编号。

A. 右半圆

B. 左半圆

C. 下半圆

D. 上半圆

20. 梯段长度尺寸 300×11=3300 中的 300 表示（　）。

A. 踏面长度

B. 踏面宽度

C. 踏面高度

D. 踏面厚度

21. 楼梯平面图中，画上折断线的梯段表示（　）。

A. 底层的梯段

B. 标准层的梯段

C. 被剖断的梯段

D. 顶层的梯段

22. 楼梯平面图中，长箭头所指的方向为（　）。

A. 文字“上”或“下”的方向

B. 上行或下行方向

C. 下行方向

D. 上行方向

23.（　）是梯段高度尺寸的正确标注形式。

A. 注出步级数及梯段高度

B. 注出各步级高度及步级数

C. 步级数×步级高度=梯段高度

D. 步级高度×步级数=梯段高度

24. 绘制粉刷层时，用（　）绘制。

A. 粗实线

B. 中实线

C. 细实线

D. 点画线

25. 结构施工图中的构件代号以构件名称中（ ）表示。

A. 某几个汉字的汉语拼音大写首字母组合

B. 第一个汉字的汉语拼音大写字母

C. 英文词汇的大写首字母组合

D. 第一个英文单词的大写首字母

26. 楼板代号“4YKB33—42d”中，“2”为（ ）。

A. 载荷等级代号

B. 板厚代号

C. 板宽代号

D. 板长代号

二、判断题（第27题～第39题。将判断结果填入括号中。正确的填“√”，错误的填“×”。）

27.（ ）房屋的建筑平面图是房屋定位的依据。

28.（ ）房屋的总平面图中应注出室内、外地面的相对标高。

29.（ ）房屋总平面图中的房屋轮廓均用中粗实线画出。

30.（ ）房屋总平面图中的尺寸单位是毫米。

31.（ ）房屋总平面图中的标高值注至小数点后二位。

32.（ ）房屋的水平投影称为房屋的屋顶平面图。

33.（ ）标准层平面图是房屋的建筑平面图中的图样之一。

34.（ ）若详图与被所引图样在同一张图纸上，则详图符号的圆中不画水平直径，仅注出详图的编号即可。

35.（　　）应在底层平面图中标注建筑剖面图的剖切位置。

36.（　　）画建筑剖面图时，不能采用阶梯剖的方式。

37.（　　）画楼梯平面详图时，应首先画出平台和梯井。

38.（　　）房屋的楼层结构平面图是沿楼板面将房屋水平剖开后画出的水平投影图。

39.（　　）绘制楼层结构平面图时，用粗实线绘制被剖到的墙身轮廓。

土建部分标准答案

一、单项选择（第 1 题～第 26 题。选择一个正确的答案，将相应的字母填入题内的括号中。）

1. B　2. A　3. B　4. C　5. A　6. B　7. C　8. C　9. D　10. C
11. C　12. B　13. D　14. D　15. D　16. A　17. A　18. D　19. C
20. B　21. C　22. A　23. D　24. C　25. A　26. C

二、判断题（第 27 题～第 39 题。将判断结果填入括号中。正确的填“√”，错误的填“×”。）

27. ×　28. ×　29. ×　30. ×　31. √　32. √　33. √　34. √
35. √　36. ×　37. ×　38. √　39. ×

地区

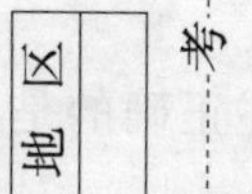

准考证号

姓名

单位名称

考生答题不准超过此线

第五章 理论知识试卷样例

职业技能鉴定国家题库
制图员（中级）理论知识试卷
（机械类）

注意事项

1. 考试时间：120分钟。

2. 请首先按要求在试卷的标封处填写您的姓名、准考证号和所在单位的名称。

3. 请仔细阅读各种题目的回答要求，在规定的位置填写您的答案。

4. 不要在试卷上乱写乱画，不要在标封区填写无关的内容。

	一	二	总 分
得 分			

得 分	
评分人	

一、单项选择（第1题～第160题。选择一个正确的答案，将相应的字母填入题内的括号中。每题0.5分，满分80分。）

1.（　　）是社会道德的重要组成部分，是社会道德原则和规范在职业活动中的具体化。

A. 人生价值

B. 职业道德

C. 社会活动

D. 职业活动

2. 职业道德能调节本行业中人与人之间、本行业与其他行业之间，以及（　　）之间的关系，以维持其职业的存在和发展。

A. 职工和家庭

B. 社会失业率

C. 各行业集团与社会

D. 工作和学习

3. 爱岗敬业就是要把尽心尽责做好本职工作变成一种自觉行为，具有从事制图员工作的（　　）。

A. 职业道德

B. 自豪感和荣誉感

C. 能力

D. 热情

4. 下列叙述正确的是（　　）。

A. 图框格式分为不留装订边和留有装订边两种

B. 图框格式分为横装和竖装两种

C. 图框格式分为有加长边和无加长边两种

D. 图框格式分为粗实线和细实线两种

5. 关于图纸的标题栏在图框中的位置，下列叙述正确的是（　　）。

A. 配置在任意位置

B. 配置在右下角

C. 配置在左下角

D. 配置在图中央

6. 某图纸上字体的宽度为 $5/\sqrt{2}\,\text{mm}$，则该图纸是选用的（　　）号字体。

A. 3

B. 5

C. 7

D. 9

7. 图纸中斜体字字头向右倾斜，与（　　）成 75°角。

A. 竖直方向

B. 水平基准线

C. 图纸左端

D. 图框右侧

8. 目前，在（　　）中仍采用 GB4457.4—84 中规定的 8 种线型。

A. 机械图样

B. 所有图样

C. 技术制图

D. 建筑制图

9. 点画线与虚线相交时，应使（　　）相交。

A. 线段与线段

B. 间隙与间隙

C. 线段与间隙

D. 间隙与线段

10. 图样上标注的尺寸，一般应由尺寸界线、（　　）、尺寸数字组成。

A. 尺寸线

B. 尺寸箭头

C. 尺寸箭头及其终端

D. 尺寸线及其终端

11. 当标注（　　）尺寸时，尺寸线必须与所注的线段平行。

A. 角度

B. 线性

C. 直径

D. 半径

12. 图样中尺寸数字不可被任何图线所通过，当不可避免时，必须把（　　）断开。

A. 尺寸线

B. 尺寸界线

C. 图线

D. 数字

13. 标注角度尺寸时，尺寸数字一律水平写，尺寸界线沿径向引出，（　　）画成圆弧，圆心是角的顶点。

A. 尺寸线

B. 尺寸界线

C. 尺寸线及其终端

D. 尺寸数字

14. 使用圆规画圆时，应尽可能使钢针和铅芯垂直于（　　）。

A. 纸面

B. 圆规

C. 比例尺

D. 直线笔

15. 圆规使用铅芯的硬度规格要比画直线的铅芯（　　）。

A. 软一级

B. 软二级

C. 硬一级

D. 硬二级

16. 平行投影法分为（　　）两种。

A. 中心投影法和平行投影法

B. 正投影法和斜投影法

C. 主要投影法和辅助投影法

D. 一次投影法和二次投影法

17. 平行投影法的投射中心位于（　　）处。

A. 有限远

B. 无限远

C. 投影面

D. 投影物体

18. 关于斜投影的定义，下列叙述正确的是（　　）。

A. 投射线与投影面相倾斜的投影

B. 投影物体与投影面相倾斜的投影

C. 投射中心与投影面相倾斜的投影

D. 投射线相互平行且与投影面相倾斜的投影

19.（　　）不属于典型的微型计算机绘图系统的组成部分。

A. 程序输入设备

B. 图形输入设备

C. 图形输出设备

D. 主机

20. 目前比较流行的我国自行设计的计算机绘图软件有（　　）。

A. AUTO CAD、WORD、CAXA 电子图板

B. KMCAD、MDT、CAXA 电子图板

C. KMCAD、QHCAD、CAXA 电子图板

D. AUTO CAD、MDT、CAXA 电子图板

21. 计算机绘图的方法分为交互绘图和（　　）绘图两种。

A. 手工

B. 扫描

C. 编程

D. 自动

22. 零件按结构特点可分为（　　）。

A. 螺钉类、齿轮类、支撑类和箱壳类

B. 标准类和非标准类

C. 轴套类、盘盖类、叉架类、箱壳类和薄板类

D. 轴套类、盘盖类、叉架类和箱壳类

23. 在机器或部件设计过程中，一般先画出（　　）。

A. 零件图

B. 主视图

C. 装配图

D. 三视图

24. 工资一般不包括（　　）。

A. 计时工资

B. 工伤赔偿

C. 计件工资

D. 奖金

25. 点的正面投影与（　　）投影的连线垂直于 X 轴。

A. 右面

B. 侧面

C. 左面

D. 水平

26. A、B、C……点的水平投影用（　　）表示。

A. a″、b″、c″……

B. a、b、c……

C. a′、b′、c′……

D. A、B、C……

27. 点的正面投影，反映（　　）、z 坐标。

A. o

B. y

C. x

D. z

28. 点的水平投影，反映（　　）、y 坐标。

A. z

B. y

C. x

D. o

29. 空间直线与投影面的相对位置关系有（　　）、投影面垂直线和投影面平行线 3 种。

A. 位置线

B. 水平线

C. 正垂线

D. 一般位置直线

30. 平行于一个投影面同时倾斜于另外（　　）投影面的直线称为投影面平行线。

A. 四个

B. 三个

C. 一个

D. 两个

31. 正垂线平行于（　　）投影面。

A. V、H

B. H、W

C. V、W

D. V

32. 一般位置直线（　　）于三个投影面。

A. 垂直

B. 倾斜

C. 平行

D. 包含

33. 水平面平行于 H 面，即垂直于（　　）两个投影面。

A. V、H

B. X、Y

C. V、H

D. V、W

34. 投影面垂直面垂直于（　　）投影面。

A. 四个

B. 三个

C. 二个

D. 一个

35. 投影面的（　　）同时倾斜于三个投影面。

A. 平行面

B. 一般位置平面

C. 垂直面

D. 正垂面

36. 投影变换中，新设置的投影面必须垂直于（　　）体系中的一个投影面。

A. 正投影面

B. 原投影面

C. 新投影面

D. 侧投影面

37. 直线的投影变换中，一般位置线变换为投影面平行线时，新投影轴的设立原则是新投影轴（　　）直线的投影。

A. 垂直于

B. 平行于

C. 相交于

D. 倾斜于

38. 直线的投影变换中，平行线变换为投影面（　　）时，新投影轴的设立原则是新投影轴垂直于反映直线实长的投影。

A. 倾斜线

B. 垂直线

C. 一般位置线

D. 平行线

39. 一般位置平面变换为投影面垂直面时，设立的（　　）

必须垂直于平面中的一直线。

A. 旧投影轴

B. 新投影轴

C. 新投影面

D. 旧投影面

40. 投影面垂直面变换为投影面平行面时，设立的（　　）必须平行于平面积聚为直线的那个投影。

A. 旧投影轴

B. 新投影轴

C. 新投影面

D. 旧投影面

41. 斜度的标注包括指引线、（　　）、斜度值。

A. 斜度

B. 斜度符号

C. 字母

D. 符号

42. 锥度的标注包括指引线、（　　）、锥度值。

A. 锥度

B. 符号

C. 锥度符号

D. 字母

43. 圆弧连接的要点是求圆心、求（　　）、画圆弧。

A. 切点

B. 交点

C. 圆弧

D. 圆点

44. 同心圆法是已知椭圆长短轴做（ ）的精确画法。

A. 圆锥

B. 圆柱

C. 椭圆

D. 圆球

45. 物体由前向（ ）投影，在正投影面得到的视图，称为主视图。

A. 后

B. 右

C. 左

D. 下

46. 平面基本体的特征是每个表面都是（ ）。

A. 平面

B. 三角形

C. 四边形

D. 正多边形

47. 曲面基本体的特征是至少有（ ）个表面是曲面。

A. 3

B. 2

C. 1

D. 4

48. 截平面与立体表面的（ ）称为截交线。

A. 交线

B. 轮廓线

C. 相贯线

D. 过渡线

49. 截平面与圆柱体轴线倾斜时截交线的形状是（　　）。

A. 圆

B. 矩形

C. 椭圆

D. 三角形

50. 球体截交线的形状总是（　　）。

A. 椭圆

B. 矩形

C. 圆

D. 三角形

51. 截平面与（　　）轴线平行时截交线的形状是矩形。

A. 圆锥

B. 圆柱

C. 圆球

D. 圆锥台

52. 截平面与（　　）轴线倾斜时截交线的形状是椭圆。

A. 圆球

B. 棱柱

C. 圆柱

D. 棱锥

53. 平面与圆锥相交，当截平面（　　）时，截交线形状为三角形。

A. 通过锥顶

B. 平行转向线

C. 倾斜于轴线

D. 平行于轴线

54. 平面与圆锥相交，当截交线形状为圆时，说明截平面（　　）。

A. 通过圆锥锥顶

B. 通过圆锥轴线

C. 平行圆锥轴线

D. 垂直圆锥轴线

55. 平面与（　　）相交，且截平面平行于立体轴线时，截交线形状为双曲线。

A. 圆柱

B. 圆锥

C. 圆球

D. 椭圆

56. 两圆柱相交，其表面交线称为（　　）。

A. 截交线

B. 相贯线

C. 空间曲线

D. 平面曲线

57. （　　）是两立体表面的共有线，是两个立体表面的共有点的集合。

A. 相贯线

B. 截交线

C. 轮廓线

D. 曲线

58. 两直径不等的圆柱正交时，相贯线一般是一条封闭的（　　）。

A. 圆曲线

B. 椭圆曲线

C. 空间曲线

D. 平面曲线

59. 球面与圆柱相交，当相贯线的形状为圆时，说明圆柱轴线（　　）。

A. 通过球心

B. 偏离球心

C. 不过球心

D. 铅垂放置

60. 球面与圆锥相交，当相贯线的形状为圆时，说明圆锥轴线（　　）。

A. 通过球心

B. 偏离球心

C. 不过球心

D. 铅垂放置

61. 求相贯线的基本方法是（　　）法。

A. 辅助平面

B. 辅助投影

C. 辅助球面

D. 表面取线

62. 利用辅助平面法求两圆柱相交的相贯线时，所作辅助平面必须（　　）两圆柱轴线。

A. 同时垂直

B. 相交于

C. 同时平行

D. 同时倾斜

63. 组合体的组合形式分有（　　）种。

A. 一

B. 二

C. 三

D. 四

64. 正确、完全、清晰、合理是组合体尺寸标注的（　　）。

A. 基本要求

B. 基本概念

C. 基本形式

D. 基本情况

65. 三视图中的一个封闭线框，可以表示物体上（　　）的投影。

A. 两相交曲面

B. 两相交面

C. 交线

D. 两相切曲面

66. 视图中的一条图线，可以是（　　）的投影。

A. 长方体

B. 圆锥体转向轮廓

C. 立方体

D. 圆柱体

67. 标注组合体尺寸时的基本方法是（　　）。

A. 形体分解法

B. 形体组合法

C. 空间想像法

D. 形体分析法和线面分析法

68. 六个基本视图的投影关系是（　　）视图长对正。

A. 主、俯、右

B. 主、俯、仰

C. 主、俯、右

D. 主、俯、左

69. 六个基本视图的配置中（　　）在左视图的右方且高平齐。

A. 仰视图

B. 右视图

C. 左视图

D. 后视图

70. 局部视图是（　　）的基本视图。

A. 完整

B. 不完整

C. 某一方向

D. 某个面

71. 机件向（　　）于基本投影面投影所得的视图叫斜视图。

A. 平行

B. 不平行

C. 不垂直

D. 垂直

72. 画斜视图时，必须在视图的上方标出视图的名称“X”（“X”为大写的拉丁字母），在相应视图附近用箭头指明投影方向，并注上相同的（　　）。

A. 箭头

B. 数字

C. 字母

D. 汉字

73. 斜视图主要用来表达机件（　）的实形。

A. 倾斜部分

B. 一大部分

C. 一小部分

D. 某一部分

74. 制图标准规定，剖视图分为（　）。

A. 全剖视图、旋转剖视图、局部剖视图

B. 半剖视图、局部剖视图、阶梯剖视图

C. 全剖视图、半剖视图、局部剖视图

D. 半剖视图、局部剖视图、复合剖视图

75. 剖视图中，既有相交，又有几个平行的剖切面得到的剖视图，属于（　）的剖切方法。

A. 组合

B. 两相交

C. 阶梯

D. 单一

76. 在剖视图的标注中，用剖切符号表示剖切位置，用箭头表示（　）。

A. 旋转方向

B. 视图方向

C. 投影方向

D. 移去方向

77. 移出断面图和（　）统称为断面图。

A. 重合剖视图

B. 重影剖面图

C. 重影断面图

D. 重合断面图

78. 断面图中，当剖切平面通过非圆孔，会导致出现完全分离的两个剖面时，这些结构应按（　　）绘制。

A. 断面

B. 外形

C. 剖视

D. 视图

79. 重合断面图的（　　）和剖面符号均用细实线绘制。

A. 剖切位置

B. 投影线

C. 轮廓线

D. 中心线

80. 目标（工具点）捕捉不能捕捉到（　　）。

A. 任意端点

B. 任意中点

C. 任意等分点

D. 任意交点

81. 在计算机绘图中，图层的状态包括：层名、线型、颜色、打开或关闭以及（　　）等。

A. 是否为绘图层

B. 是否为当前层

C. 是否为尺寸层

D. 是否可用

82. 用计算机绘图时，显示缩放命令可将屏幕上图形放大，使图形看上去更清晰，实体的尺寸与放大前相比（　　）。

A. 不一定

B. 缩小了

C. 增大了

D. 不变

83. 将已存储在磁盘上的文件（　　）存盘不属于另存文件。

A. 按原名在原位置

B. 按原名在其他位置

C. 重新命名在原位置

D. 重新命名在其他位置

84. 用计算机绘图软件绘制直线时，设成正交方式可使所绘制的直线与（　　）平行。

A. 已有直线

B. 屏幕坐标轴

C. 指定方向

D. 边界

85. 用计算机绘图时，栅格由一系列排列规则的点组成，它类似于手工绘图用的（　　）。

A. 图纸边框

B. 方格纸

C. 比例尺

D. 区域标记

86. 对计算机绘制的图形，系统可使用（　　）得到两点之间的距离。

A. 手工计算

B. 绘图关系

C. 查询命令

D. 计算公式

87. 常用的螺纹紧固件有螺栓、螺柱、（　　）和垫圈等。

A. 螺钉、螺片

B. 螺锥、螺母

C. 螺钉、螺母

D. 内螺、外螺

88. 装配图中当剖切平面纵剖螺栓、螺母、垫圈等紧固件及实心件时，按（　　）绘制。

A. 全剖

B. 半剖

C. 不剖

D. 局剖

89. 下列场合可用螺栓来连接的说法错误的是（　　）。

A. 厚度不大的两零件

B. 需要经常拆卸的两零件

C. 一个厚度大一个厚度小的两零件

D. 厚度不大也不拆卸的两零件

90. 采用比例画法时，螺栓直径为 d，螺栓头厚度为 0.7d，螺纹长度为 2d，六角头画法同（　　）。

A. 螺栓

B. 螺柱

C. 螺钉

D. 螺母

91. 采用比例画法时，螺栓直径为 d，平垫圈外径为 2.2d，内径为 1.1d，厚度为（　　）。

A. 0.05d

B. 0.15d

C. 0.25d

D. 0.75d

92. 下列场合宜用螺柱来连接的是（　　）。

A. 被连接件之一较厚

B. 被连接件之一不允许钻通孔

C. 两连接件均不厚

D. 两连接件均较厚

93. 画螺柱连接装配图时，螺柱旋入机体一端的螺纹，必须画成（　　）的形式。

A. 全部旋入螺母内

B. 部分旋入螺母内

C. 全部旋入螺孔内

D. 部分旋入螺孔内

94. 画螺钉连接装配图时，螺钉的螺纹终止线应画在螺纹孔口（　　）。

A. 之前

B. 之后

C. 之外

D. 之内

95. 叉架类零件通常由工作部分、支撑部分及连接部分组成，形状比较复杂且不规则，零件上常有（　　）等。

A. 支架结构、肋板和孔、槽

B. 叉形结构、肋板和孔、槽

C. 复杂结构、底板和台、坑

D. 叉形结构、筋板和台、坑

96. 叉架类零件一般需要两个以上基本视图表达，常以工作位置为主视图，反映主要形状特征。连接部分和细部结构采用局部视图或斜视图，并用剖视图、断面图、局部放大图表达（　　）。

A. 主要结构

B. 局部结构

C. 内部结构

D. 外形结构

97. 叉架类零件尺寸基准常选择安装基面、对称平面、孔的（　　）。

A. 内外直径面

B. 各个轴肩面

C. 中心线和轴线

D. 安装面和键槽

98. 箱壳类零件主要起包容、支撑其他零件的作用，常有内腔、轴承孔、凸台、肋、（　　）、螺纹孔等结构。

A. 中心孔、键槽

B. 皮带轮、轮辐

C. 安装板、光孔

D. 斜支架、拨叉

99. 箱壳类零件一般需要两个以上基本视图来表达，主视图按工作位置放置，投影方向按形状特征来选择。一般采用通过主要支撑孔轴线的剖视图表达其（　　）形状，局部结构常用局部视图、局部剖视图、断面表达。

A. 外部结构

B. 内部结构

C. 主要结构

D. 次要结构

100. 箱壳类零件长、宽、高三个方向的主要尺寸基准通常选用轴孔中心线、对称平面、结合面和（　　）。

A. 较小的毛坯表面

B. 较大的毛坯表面

C. 较小的加工平面

D. 较大的加工平面

101. 零件图上，对铸造圆角的尺寸标注可在（　　）用“未注铸造圆角 R×—R×”方式标注。

A. 技术要求中

B. 尺寸界线上

C. 标题栏内

D. 明细表中

102. 零件图中一般的退刀槽可按“槽宽×直径”或“槽宽×槽深”的形式（　　）。

A. 绘制图形

B. 标注尺寸

C. 确定比例

D. 选择方案

103. 对于零件上用钻头钻出的不通孔或阶梯孔，画图时锥角一律画成 120°。钻孔深度是指（　　）。

A. 圆锥部分的深度，不包括圆坑

B. 圆锥部分的深度，包括圆坑

C. 圆柱部分的深度，不包括锥坑

D. 圆柱部分的深度，包括锥坑

104. 标注管螺纹的代号时，不能将管螺纹的代号标注在螺纹大径的尺寸线上，而是（　　）用引出线标注。

A. 以说明的方式

B. 以绘图的方式

C. 以旁注的方式

D. 以明细的方式

105. 表面粗糙度（　　）中应用最广泛的轮廓算术平均偏差用 R_a 代表。

A. 主要技术指标

B. 次要技术指标

C. 主要评定参数

D. 次要评定参数

106. 表面粗糙度的代号应标注在可见轮廓线、尺寸线、尺寸界线或它们的延长线上，其中符号的尖端必须（　　）。

A. 从材料内部指向材料外

B. 从材料表面指向材料外

C. 从材料外指向材料表面

D. 从材料内指向材料表面

107. 表面粗糙度代号中数字的方向必须与图中尺寸数字的方向（　　）。

A. 略左

B. 略右

C. 一致

D. 相反

108. 标注表面粗糙度时，当零件所有表面具有相同的特征时，其代号可在图样的右上角统一标注，且代号的大小应为图样上其他代号的（　　）倍。

A. 0.4

B. 1.2

C. 1.4

D. 2.4

109. 尺寸公差中的极限尺寸是指允许尺寸变动的（　　）极限值。

A. 多个

B. 一个

C. 两个

D. 所有

110. 尺寸公差中的极限偏差是指极限尺寸减基本尺寸所得的（　　）。

A. 偶数差

B. 奇数差

C. 代数差

D. 级数差

111. 基本尺寸相同，相互结合的孔和轴公差带之间的关系，称为（　　）。

A. 雷同

B. 结合

C. 配合

D. 配套

112. 配合的种类有间隙配合、过盈配合、（　　）3 种。

A. 标准配合

B. 适中配合

C. 过渡配合

D. 基本配合

113. 零件图上尺寸公差的标注形式有 3 种：（1）基本尺寸数字后边注写公差带代号；（2）基本尺寸数字后边注写上、下偏差；（3）基本尺寸数字后边同时注写（　　），后者加括号。

A. 公差带图号和相应的上、下图号

B. 标准公差代号和相应的上、下公差

C. 公差带代号和相应的上、下偏差

D. 基本偏差代号和相应的上、下偏差

114. 在（　　）轴测图中，其中 1 个轴的轴向伸缩系数与另 2 个轴的轴向伸缩系数不同，取 0.5。

A. 正二等

B. 正等

C. 斜二等

D. 正三测

115. 在斜二等轴测图中，坐标面与轴测投影面平行，凡与坐标面平行的平面上的圆，轴测投影仍为（　　）。

A. 椭圆

B. 直线

C. 曲线

D. 圆

116. 在（　　）轴测图中，其中 1 个轴的轴向伸缩系数与另 2 个轴的轴向伸缩系数不同，取 0.47。

A. 斜二等

B. 正等

C. 正二等

D. 正三测

117. 为作图方便，一般取 p=r=1，q=0.5 作为正二测的（　）。

A. 系数

B. 变形系数

C. 简化轴向变形系数

D. 轴向变形系数

118. 物体上与某直角坐标轴平行的直线，其轴测投影与相应轴测轴（　）。

A. 倾斜

B. 垂直

C. 相交

D. 平行

119. 互相垂直的 3 个（　）坐标轴在轴测投影面的投影称为轴测轴。

A. 倾斜

B. 交叉

C. 相交

D. 直角

120. 3 个轴测轴的轴向变形系数都相等的正轴测图称为（　）轴测图。

A. 正二等

B. 正三等

C. 斜二等

D. 正等

121. 正等轴测图中，采用了简化的轴向变形系数画图，图形扩大了（　）倍。

A. 1

B. 1.5

C. 2

D. 1.22

122. 正等轴测图的轴间角分别为（　）。

A. 97°、131°、132°

B. 120°、120°、120°

C. 90°、135°、135°

D. 45°、110°、205°

123. 正等轴测图中，当平行于坐标面的椭圆的长轴等于圆的直径时，短轴等于（　）。

A. 0.5D

B. 0.82D

C. 1.22D

D. 0.58D

124. 四心圆法画椭圆，小圆的圆心在（　）。

A. 短轴上

B. 长轴上

C. 共轭直径上

D. 圆心上

125. 看懂轴测图，按绘制流图的方法和步骤绘制（　）。

A. 轴测图

B. 透视图

C. 效果图

D. 三视图

126. 看尺寸数字，要确认每个尺寸的（　　）。

A. 数字大小

B. 起点

C. 方向

D. 角度

127. 在轴测图上作剖切，一般剖去物体的（　　）。

A. 右后方

B. 右前方

C. 左后方

D. 左前方

128. 轴测剖视图的 1/4 剖切，在三视图中是（　　）。

A. 全剖

B. 局部剖

C. 断面

D. 半剖

129. 绘制正等轴测图时，首先在适当的位置画出相应的（　　）。

A. 直角坐标系

B. 坐标轴

C. 轴测图

D. 轴测轴

130. 绘制（　　），一般采用简化变形系数来绘制。

A. 左视图

B. 透视图

C. 三视图

D. 正等轴测轴

131. 绘制（　　）的正等轴测图时，可采用基面法。

A. 椭圆

B. 圆

C. 视图

D. 棱柱或圆柱体

132. 绘制（　　）的正等轴测图时，可选用叠加法。

A. 切割体

B. 组合体

C. 圆柱体

D. 棱柱体

133. 用叠加法绘制组合体的正等轴测图，先用形体分析法将组合体分解成若干个（　　）。

A. 切割体

B. 基本体

C. 圆柱体

D. 棱柱体

134. 画切割体的（　　），可先画其基本体的正等轴测图。

A. 三视图

B. 零件图

C. 装配图

D. 正等轴测图

135. 画切割体的正等轴测图，可先画其基本体的正等轴测图，然后用（　　）逐一切割基本体。

A. 剖切平面

B. 断面

C. 辅助平面

D. 切割平面

136. 为表达物体内部形状，在（　　）上也可采用剖视图画法。

A. 物体

B. 纵剖面

C. 正平面

D. 轴测图

137. 画轴测剖视图，不论（　　）是否对称，均假想用两个相互垂直的剖切平面将物体剖开，然后画出其轴测剖视图。

A. 图形

B. 左视图

C. 正平面

D. 物体

138. 绘制轴测剖视图的方法有先画（　　）再作剖视和先画断面形状，再画投影两种。

A. 主视图

B. 透视图

C. 剖切面

D. 外形

139. 画正等轴测剖视图，可先画（　　）完整的正等轴测图。

A. 图形

B. 直角坐标系

C. 物体三视图

D. 物体

140. 画正等轴测剖视图，可先在轴测轴上分别画出两个方向的（　　），再画断面后的可见部分。

A. 投影

B. 剖视图

C. 轴测图

D. 断面

141. 画正六棱柱的正等轴测图，看不见的线（　　）。

A. 画成虚线

B. 画成点画线

C. 不画

D. 画成粗点画线

142. 画圆锥台的正等轴测图，两侧轮廓线与（　　）。

A. 两椭圆长轴相连

B. 两椭圆相切

C. 两椭圆短轴相连

D. 两椭圆共轭直径相连

143. 用简化画法绘制带圆角底板的正等轴测图时，圆角圆弧的圆心在长轴时是(　　)。

A. 小圆弧

B. 大圆弧

C. 大、小圆各 1/2

D. 大、小圆各 1/4

144. 画组合体的正等轴测图，均需对组合体进行（　　）。

A. 形体分析

B. 坐标分析

C. 相交性质分析

D. 叠加形式分析

145. 表示零件中间折断或局部断裂时，断裂的边界线应画成（　　）。

A. 细实线

B. 波浪线

C. 点画线

D. 双折线

146. 当剖切面通过肋板的纵向对称面时，这些结构可用（　　）表示。

A. 剖面线

B. 粗实线

C. 涂黑

D. 细点加以润饰

147. 画开槽圆柱体的正等轴测图一般采用切割法，先画出圆柱两端面的（　　）。

A. 侧面

B. 三视图

C. 俯视图

D. 椭圆

148. 画开槽圆柱体的正等轴测图，首先画出（　　）上下端面的椭圆及槽底平面的椭圆。

A. 槽

B. 三视图

C. 俯视图

D. 圆柱

149. 画支架的正等轴测图，一般采用叠加法，画出各基本体的（　　）。

A. 主视图

B. 三视图

C. 投影图

D. 正等轴测图

150. 投影图的坐标与轴测图的（　　）之间的对应关系是能否正确绘制轴测图的关键。

A. 投影

B. 坐标原点

C. 剖视图

D. 坐标

151. 沿轴测量是（　　）的要领。

A. 选取轴测图

B. 绘制剖视图

C. 选取辅助平面

D. 绘制轴测图

152. 正等轴测图由于作图简便，3 个方向的表现力相等，是最常用的一种绘制（　　）的方法。

A. 三视图

B. 平面图

C. 剖视图

D. 轴测图

153. “四心法”画椭圆，要准确定出（　　）间的分界点是绘制椭圆的注意点。

A. 坐标轴

B. 坐标面

C. 圆

D. 圆弧

154. 产品树中的根结点应是产品的（　　）。

A. 效果图

B. 示意图

C. 装配简图

D. 装配图

155. 产品树由（　　）构成。

A. 主要结点和次要结点

B. 前面结点和中间结点

C. 根结点和下级结点

D. 中间结点和后面结点

156. 产品树中的（　　）是指根结点或下级结点。

A. 配件

B. 组件

C. 标准件

D. 专用件

157. 自动生成产品树时，装配图（　　）中的信息可添加到产品树下级结点中。

A. 标题栏

B. 明细表

C. 技术要求

D. 精度等级

158. 对成套图纸进行管理的条件是：图纸中必须有反映产

品（　　）的装配图。

A. 装配质量

B. 装配关系

C. 装配精度

D. 装配要求

159.（　　）系统中，统计操作对产品树中的数据信息进行统计。

A. 产品管理

B. 图形管理

C. 文件管理

D. 图纸管理

160.（　　）系统中，查询操作对产品树中的数据信息进行查询。

A. 图纸管理

B. 文件管理

C. 图形管理

D. 产品管理

得　分	
评分人	

二、判断题（第 161 题～第 200 题。将判断结果填入括号中。正确的填“√”，错误的填“×”。每题 0.5 分，满分 20 分。）

161.（　　）职业道德是社会道德在职业行为和职业关系中的具体表现。

162.（　　）劳动既是个人谋生的手段，也是为社会服务的途径。

163.（　　）社会上有多少种职业，就存在多少种职业道德。

164.（　　）优良的制图软件是新时期制图员从事高标准、高效率工作的动力。

165.（　　）注重信誉包括两层含义，其一是指生产质量，其二是指人品。

166.（　　）团结协作就是要顾全大局，要有团队精神。

167.（　　）遵纪守法是指制图员要遵守职业纪律和职业活动的法律、法规，保守国家机密，不泄露企业情报信息。

168.（　　）制图国家标准规定，图纸优先选用的基本幅面代号为 5 种。

169.（　　）尺寸线终端形式有箭头和圆点两种形式。

170.（　　）尺寸界线应由图形的轮廓线、轴线或对称中心线处引出，不能利用轮廓线、轴线或对称中心线作尺寸界线。

171.（　　）画图时，铅笔在前后方向应与纸面倾斜，而且向画线前进方向倾斜约 30°。

172.（　　）工程上常用的投影有多面正投影、轴测投影、透视投影和标高投影。

173.（　　）硬盘是一种图形输出设备。

174.（　　）完整的零件图就是表示零件结构的各种视图及其大小尺寸。

175.（　　）完整的装配图只要有表达机器或部件的工作原理，各零件间的位置和装配关系的完整的视图即可。

176.（　　）劳动合同是劳动部门与用人单位确定劳动关系、明确双方权利和义务的协议。

177.（　　）点的投影变换中，新投影到新坐标轴的距离小于旧投影到旧坐标轴的距离。

178.（　　）球体的表面可以看作是由一条直线绕其直径回转而成。

179.（　　）圆锥体截交线的种类有 2 种情况。

180.（　　）截平面与圆柱轴线垂直时截交线的形状是棱柱。

181.（　　）圆柱与圆锥正交圆柱穿过圆锥时，相贯线一般是一条封闭的平面曲线。

182.（　　）目标（工具点）捕捉，就是用鼠标对坐标点进行搜索和锁定。

183.（　　）计算机绘图时，不同的图层上设置相同的线型和颜色。

184.（　　）用绘图命令所画的图形就绘制在当前层上。

185.（　　）采用比例画法时，六角螺母内螺纹大径为 D，六边形长边为 2D，倒角圆与六边形内切，螺母厚度为 0.7D，倒角形成的圆弧投影半径分别为 1.5D、1D。

186.（　　）基孔制是基本偏差为一定的孔的公差带，与不同基本偏差的轴的公差带形成各种配合的一种制度。

187.（　　）国家标准规定了公差带由标准公差和基本偏差两个要素组成。标准公差确定公差带位置，基本偏差确定公差带大小。

188.（　　）斜二轴测图中，OX 和 OZ 的轴测投影所形成的轴间角总是保持 90°。

189.（　　）斜二等轴测图中，有 2 个轴间角均取 135°。

190.（　　）四心圆法画椭圆的方法可用于斜二轴测投影中。

191.（　　）正二等轴测图属于正投影的一种。

192.（　　）正二等轴测图中，有 2 个轴的轴间角为 131°25′。

193.（　　）正二等轴测图在采用简化变形系数后，各坐标面上的椭圆短轴的长度均为 0.35D。

194.（　　）正等轴测图中各轴间角之和约等于 720°。

195.（　　）用基面法绘制圆柱体的正等轴测图，先绘出其透视图。

196.（　　）画圆柱的正等轴测图，先作出两端面圆的轴测轴。

197.（　　）画支架的正等轴测图，一般采用叠加法。

198.（　　）图纸管理系统可以对成套图纸按照指定的路径自动搜索文件、提取数据、建立产品说明书。

199.（　　）产品树的作用是设计产品的装配关系。

200.（　　）图纸管理系统中，显示操作是以数据方式显示产品树的信息。

职业技能鉴定国家题库
制图员（中级）理论知识试卷答案
（机械类）

一、单项选择（第1题～第160题。选择一个正确的答案，将相应的字母填入题内的括号中。每题0.5分，满分80分。）

1. B　2. C　3. B　4. A　5. B　6. B　7. B　8. A　9. A　10. D
11. B　12. C　13. A　14. A　15. A　16. B　17. B　18. D　19. A
20. C　21. C　22. C　23. C　24. B　25. D　26. B　27. C　28. C
29. D　30. D　31. B　32. B　33. D　34. D　35. B　36. B　37. B
38. B　39. B　40. B　41. B　42. C　43. A　44. C　45. A　46. A
47. C　48. A　49. C　50. C　51. B　52. C　53. A　54. D　55. B
56. B　57. A　58. C　59. A　60. A　61. A　62. C　63. B　64. A
65. D　66. B　67. D　68. B　69. D　70. B　71. B　72. C　73. A
74. C　75. A　76. C　77. D　78. C　79. C　80. C　81. B　82. D
83. A　84. B　85. B　86. C　87. C　88. C　89. C　90. D　91. B
92. A　93. C　94. C　95. B　96. B　97. C　98. C　99. B　100. D
101. A　102. B　103. C　104. C　105. C　106. C　107. C
108. C　109. C　110. C　111. C　112. C　113. C　114. C
115. D　116. C　117. C　118. D　119. D　120. D　121. D
122. B　123. D　124. B　125. D　126. B　127. D　128. D
129. D　130. D　131. D　132. B　133. B　134. D　135. D
136. D　137. D　138. D　139. D　140. D　141. C　142. B

143. A 144. A 145. B 146. D 147. D 148. D 149. D
150. D 151. D 152. D 153. D 154. D 155. C 156. B
157. B 158. B 159. D 160. A

二、判断题（第161题～第200题。将判断结果填入括号中。正确的填“√”，错误的填“×”。每题0.5分，满分20分。）

161. √ 162. √ 163. √ 164. × 165. × 166. √ 167. √
168. √ 169. × 170. × 171. × 172. √ 173. × 174. ×
175. × 176. × 177. × 178. × 179. × 180. × 181. ×
182. × 183. × 184. √ 185. × 186. √ 187. × 188. √
189. √ 190. × 191. √ 192. √ 193. × 194. × 195. ×
196. √ 197. √ 198. × 199. × 200. ×

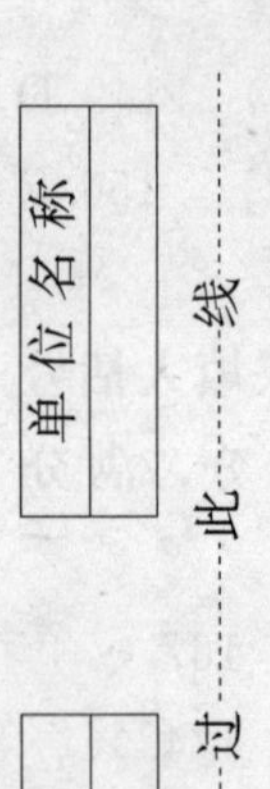

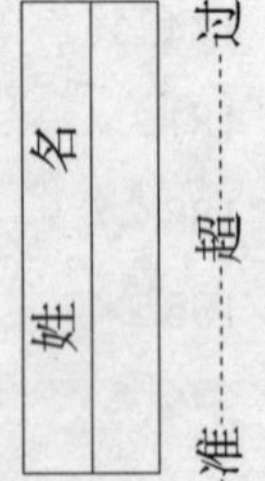

准考证号

地区

考生答题不准超过此线

职业技能鉴定国家题库
制图员（中级）理论知识试卷
（土建类）

注 意 事 项

1. 考试时间：120 分钟。

2. 请首先按要求在试卷的标封处填写您的姓名、准考证号和所在单位的名称。

3. 请仔细阅读各种题目的回答要求，在规定的位置填写您的答案。

4. 不要在试卷上乱写乱画，不要在标封区填写无关的内容。

	一	二	总 分
得 分			

得 分	
评分人	

一、单项选择（第 1 题～第 160 题。选择一个正确的答案，将相应的字母填入题内的括号中。每题 0.5 分，满分 80 分。）

1. 职业道德是指从事一定职业的人们在职业实践活动中所应遵循的职业原则和规范，以及与之相应的（　　）、情操和品质。

A. 企业标准

B. 道德观念

C. 公司规定

D. 工作要求

2. （　　）是社会道德的重要组成部分，是社会道德原则和规范在职业活动中的具体化。

A. 人生价值

B. 职业道德

C. 社会活动

D. 职业活动

3. 职业道德能调节本行业中人与人之间、本行业与其他行业之间，以及（　　）之间的关系，以维持其职业的存在和发展。

A. 职工和家庭

B. 社会失业率

C. 各行业集团与社会

D. 工作和学习

4. 职业道德是制图员自我完善的（　　）。

A. 重要条件

B. 充分条件

C. 先决条件

D. 必要条件

5. 注重信誉包括两层含义，其一是指（　　），其二是指人品。

A. 工作质量

B. 工作态度

C. 生产质量

D. 企业信誉

6.（　　）是指一个人在政治思想、道德品质、知识技能等方面所具有的水平。

A. 基本素质

B. 讲究公德

C. 职业道德

D. 个人信誉

7. 下列叙述正确的是（　　）。

A. 图框格式分为不留装订边和留有装订边两种

B. 图框格式分为横装和竖装两种

C. 图框格式分为有加长边和无加长边两种

D. 图框格式分为粗实线和细实线两种

8. 关于图纸的标题栏在图框中的位置，下列叙述正确的是（　　）。

A. 配置在任意位置

B. 配置在右下角

C. 配置在左下角

D. 配置在图中央

9. 某图纸上字体的宽度为 $5/\sqrt{2}$ mm，则该图纸是选用的（　　）号字体。

A. 3

B. 5

C. 7

D. 9

10. 同一建筑图样中，若用 b 表示粗线的线宽，则粗、中、细线的线宽应分别表示为（　　）。

A. b、0.7b、0.25b

B. b、0.7b、0.35b

C. b、0.5b、0.35b

D. b、0.5b、0.25b

11. 图样上标注的尺寸，一般应由尺寸界线、（　　）、尺寸数字组成。

A. 尺寸线

B. 尺寸箭头

C. 尺寸箭头及其终端

D. 尺寸线及其终端

12. 下列叙述错误的是（　　）。

A. 图形的轮廓线可作尺寸界线

B. 图形的轴线可作尺寸界线

C. 图形的剖面线可作尺寸界线

D. 图形的对称中心线可作尺寸界线

13. 当标注（　　）尺寸时，尺寸线必须与所注的线段平行。

A. 角度

B. 线性

C. 直径

D. 半径

14. 画图时，铅笔在前后方向应与纸面垂直，而且向画线（　　）方向倾斜约 30°。

A. 前进

B. 后退

C. 相反

D. 前后

15. 使用圆规画圆时，应尽可能使钢针和铅芯垂直于（　　）。

A. 纸面

B. 圆规

C. 比例尺

D. 直线笔

16. 圆规使用铅芯的硬度规格要比画直线的铅芯（　　）。

A. 软一级

B. 软二级

C. 硬一级

D. 硬二级

17. 工程上常用的投影有多面正投影、轴测投影、透视投影和（　　）。

A. 正投影

B. 斜投影

C. 中心投影

D. 标高投影

18. 关于斜投影的定义，下列叙述正确的是（　　）。

A. 投射线与投影面相倾斜的投影

B. 投影物体与投影面相倾斜的投影

C. 投射中心与投影面相倾斜的投影

D. 投射线相互平行且与投影面相倾斜的投影

19. （　　）不属于典型的微型计算机绘图系统的组成部分。

A. 程序输入设备

B. 图形输入设备

C. 图形输出设备

D. 主机

20. 打印机、绘图机、显示器等是（　　）。

A. 图形输入设备

B. 图形输出设备

C. 图形储存设备

D. 图形复印设备

21. 能够反映室内给、排水系统全貌的是（　　）。

A. 给、排水系统平面图

B. 给、排水系统立面图

C. 给、排水系统安装图

D. 给、排水系统轴测图

22. （　　）是劳动者与用人单位确定劳动关系、明确双方权利和义务的协议。

A. 技术转让合同

B. 劳动合同

C. 科研合同

D. 技术服务合同

23. 点的正面投影与（　　）投影的连线垂直于X轴。

A. 右面

B. 侧面

C. 左面

D. 水平

24. A、B、C……点的水平投影用（　　）表示。

A. a″、b″、c″……

B. a、b、c……

C. a′、b′、c′……

D. A、B、C……

25. 点的正面投影，反映（　　）、z坐标。

A. o

B. y

C. x

D. z

26. 点的水平投影，反映（　　）、y坐标。

A. z

B. y

C. x

D. o

27. 空间直线与投影面的相对位置关系有（　　）、投影面垂直线和投影面平行线3种。

A. 位置线

B. 水平线

C. 正垂线

D. 一般位置直线

28. 平行于一个投影面同时倾斜于另外（　　）投影面的直线称为投影面平行线。

A. 四个

B. 三个

C. 一个

D. 两个

29. 正垂线平行于（　　）投影面。

A. V、H

B. H、W

C. V、W

D. V

30. 一般位置直线（　　）于三个投影面。

A. 垂直

B. 倾斜

C. 平行

D. 包含

31. 水平面平行于 H 面，即垂直于（　　）两个投影面。

A. V、H

B. X、Y

C. V、H

D. V、W

32. 投影面垂直面垂直于（　　）投影面。

A. 四个

B. 三个

C. 二个

D. 一个

33. 投影面的（　　）同时倾斜于三个投影面。

A. 平行面

B. 一般位置平面

C. 垂直面

D. 正垂面

34. 投影变换中，新设置的投影面必须垂直于（　　）体系中的一个投影面。

A. 正投影面

B. 原投影面

C. 新投影面

D. 侧投影面

35. 点的投影变换中，（　　）到新坐标轴的距离等于旧投影到旧坐标轴的距离。

A. 旧投影

B. 新投影

C. 正投影

D. 侧投影

36. 直线的投影变换中，一般位置线变换为投影面平行线时，新投影轴的设立原则是新投影轴（　　）直线的投影。

A. 垂直于

B. 平行于

C. 相交于

D. 倾斜于

37. 直线的投影变换中，平行线变换为投影面（　　）时，新投影轴的设立原则是新投影轴垂直于反映直线实长的投影。

A. 倾斜线

B. 垂直线

C. 一般位置线

D. 平行线

38. 一般位置平面变换为投影面垂直面时，设立的（　　）必须垂直于平面中的一直线。

A. 旧投影轴

B. 新投影轴

C. 新投影面

D. 旧投影面

39. 斜度的标注包括指引线、（　　）、斜度值。

A. 斜度

B. 斜度符号

C. 字母

D. 符号

40. 锥度的标注包括指引线、（　　）、锥度值。

A. 锥度

B. 符号

C. 锥度符号

D. 字母

41. 圆弧连接的要点是求圆心、求（　　）、画圆弧。

A. 切点

B. 交点

C. 圆弧

D. 圆点

42. 同心圆法是已知椭圆长短轴做（　　）的精确画法。

A. 圆锥

B. 圆柱

C. 椭圆

D. 圆球

43. 物体由前向（　　）投影，在正投影面得到的视图，称为主视图。

A. 后

B. 右

C. 左

D. 下

44. 平面基本体的特征是每个表面都是（　　）。

A. 平面

B. 三角形

C. 四边形

D. 正多边形

45. 曲面基本体的特征是至少有（　　）个表面是曲面。

A. 3

B. 2

C. 1

D. 4

46. 截平面与立体表面的（　　）称为截交线。

A. 交线

B. 轮廓线

C. 相贯线

D. 过渡线

47. 截平面与圆柱体轴线倾斜时截交线的形状是（　　）。

A. 圆

B. 矩形

C. 椭圆

D. 三角形

48. 截平面与圆锥轴线平行时截交线的形状是（　　）。

A. 圆

B. 矩形

C. 椭圆

D. 双曲线

49. 球体截交线的形状总是（　　）。

A. 椭圆

B. 矩形

C. 圆

D. 三角形

50. 截平面与（　　）轴线平行时截交线的形状是矩形。

A. 圆锥

B. 圆柱

C. 圆球

D. 圆锥台

51. 截平面与（　　）轴线垂直时截交线的形状是圆。

A. 棱锥

B. 圆柱

C. 椭圆柱

D. 棱柱

52. 截平面与（　　）轴线倾斜时截交线的形状是椭圆。

A. 圆球

B. 棱柱

C. 圆柱

D. 棱锥

53. 平面与圆锥相交，当截平面（　　）时，截交线形状为三角形。

A. 通过锥顶

B. 平行转向线

C. 倾斜于轴线

D. 平行于轴线

54. 平面与圆锥相交，当截交线形状为圆时，说明截平面（　　）。

A. 通过圆锥锥顶

B. 通过圆锥轴线

C. 平行圆锥轴线

D. 垂直圆锥轴线

55. 平面与（　　）相交，且截平面平行于立体轴线时，截交线形状为双曲线。

A. 圆柱

B. 圆锥

C. 圆球

D. 椭圆

56. 两圆柱相交，其表面交线称为（　　）。

A. 截交线

B. 相贯线

C. 空间曲线

D. 平面曲线

57. （　　）是两立体表面的共有线，是两个立体表面的共有点的集合。

A. 相贯线

B. 截交线

C. 轮廓线

D. 曲线

58. 两直径不等的圆柱正交时，相贯线一般是一条封闭的（　　）。

A. 圆曲线

B. 椭圆曲线

C. 空间曲线

D. 平面曲线

59. 圆柱与圆锥正交圆柱穿过圆锥时，相贯线一般是一条封闭的（　　）。

A. 圆曲线

B. 椭圆曲线

C. 空间曲线

D. 平面曲线

60. 球面与圆柱相交，当相贯线的形状为圆时，说明圆柱轴线（　　）。

A. 通过球心

B. 偏离球心

C. 不过球心

D. 铅垂放置

61. 球面与圆锥相交，当相贯线的形状为圆时，说明圆锥轴线（　　）。

A. 通过球心

B. 偏离球心

C. 不过球心

D. 铅垂放置

62. 求相贯线的基本方法是（　　）法。

A. 辅助平面

B. 辅助投影

C. 辅助球面

D. 表面取线

63. 利用辅助平面法求两圆柱相交的相贯线时，所作辅助平面必须（　　）两圆柱轴线。

A. 同时垂直

B. 相交于

C. 同时平行

D. 同时倾斜

64. 组合体的组合形式分有（　　）。

A. 叠加

B. 切割

C. 相切

D. 叠加和切割

65. 正确、完全、清晰、合理是组合体尺寸标注的（　　）。

A. 基本要求

B. 基本概念

C. 基本形式

D. 基本情况

66. 三视图中的一个封闭线框，可以表示物体上（　　）的投影。

A. 两相交曲面

B. 两相交面

C. 交线

D. 两相切曲面

67. 视图中的一条图线，可以是（　　）的投影。

A. 长方体

B. 圆锥体转向轮廓

C. 立方体

D. 圆柱体

68. 标注组合体尺寸时的基本方法是（　　）。

A. 形体分解法

B. 形体组合法

C. 空间想像法

D. 形体分析法和线面分析法

69. 六个基本视图的投影关系是（　　）视图长度相等。

A. 主、俯、后、右

B. 主、俯、后、仰

C. 主、俯、右、仰

D. 主、俯、后、左

70. 六个基本视图的配置中（　　）在左视图的右方且高平齐。

A. 仰视图

B. 右视图

C. 左视图

D. 后视图

71. 局部视图是（　　）的基本视图。

A. 完整

B. 不完整

C. 某一方向

D. 某个面

72. 机件向（　　）于基本投影面投影所得的视图叫斜视图。

A. 平行

B. 不平行

C. 不垂直

D. 倾斜

73. 画斜视图时，必须在视图的上方标出视图的名称“X”（“X”为大写的拉丁字母），在相应视图附近用箭头指明投影方向，并注上相同的（　　）。

A. 箭头

B. 数字

C. 字母

D. 汉字

74. 斜视图主要用来表达机件（　　）的实形。

A. 倾斜部分

B. 一大部分

C. 一小部分

D. 某一部分

75. 制图标准规定，剖面图分为（　　）。

A. 全剖面图、旋转剖面图、局部剖面图

B. 半剖面图、局部剖面图、阶梯剖面图

C. 全剖面图、半剖面图、局部剖面图

D. 半剖面图、局部剖面图、复合剖面图

76. 在剖视图的标注中，用剖切符号表示剖切位置，用箭头表示（　　）。

A. 旋转方向

B. 视图方向

C. 投影方向

D. 移去方向

77. 断面图中，当剖切平面通过非圆孔，会导致出现完全分离的两个剖面时，这些结构应按（　　）绘制。

A. 断面

B. 外形

C. 剖面

D. 视图

78. 重合断面图的（　　）和剖面符号均用细实线绘制。

A. 剖切位置

B. 投影线

C. 轮廓线

D. 中心线

79. 目标（工具点）捕捉不能捕捉到（　　）。

A. 任意端点

B. 任意中点

C. 任意等分点

D. 任意交点

80. 在计算机绘图中，图层的状态包括层名、线型、颜色、打开或关闭以及（　　）等。

A. 是否为绘图层

B. 是否为当前层

C. 是否为尺寸层

D. 是否可用

81. 将已存储在磁盘上的文件（　　）存盘不属于另存文件。

A. 按原名在原位置

B. 按原名在其他位置

C. 重新命名在原位置

D. 重新命名在其他位置

82. 用计算机绘图软件绘制直线时，设成正交方式可使所绘制的直线与（　　）平行。

A. 已有直线

B. 屏幕坐标轴

C. 指定方向

D. 边界

83. 用计算机绘图时，栅格由一系列排列规则的点组成，它类似于手工绘图用的（　　）。

A. 图纸边框

B. 方格纸

C. 比例尺

D. 区域标记

84. 对计算机绘制的图形，系统可使用（　　）得到两点之间的距离。

A. 手工计算

B. 绘图关系

C. 查询命令

D. 计算公式

85. 房屋的（　　）表示新建房屋的位置，与原有建筑及周围环境之间的关系等内容。

A. 建筑剖面图

B. 总平面图

C. 建筑平面图

D. 建筑立面图

86. 绘制房屋总平面图时，用（　　）作为投影面。

A. 正平面

B. 侧平面

C. 垂直面

D. 水平面

87. 房屋总平面图中不必注出房屋的（　　）。

A. 高度尺寸

B. 地面标高

C. 长宽尺寸

D. 定位尺寸

88. （　　）是绘制建筑总平面图的可用比例。

A. 1∶100

B. 1∶200

C. 1∶500

D. 1∶5000

89. 在房屋的总平面图中，用细实线绘制（　　）。

A. 新建房屋

B. 新建道路

C. 场地分界线

D. 原有建筑

90. 房屋施工图中，指北针的箭尾宽度为（　　）毫米。

A. 2

B. 2.5

C. 3

D. 3.5

91. 我国的（　　）是以青岛黄海海平面的平均高度作为零点标高。

A. 基面标高

B. 海面标高

C. 相对标高

D. 绝对标高

92. 以房屋首层主要地面高度作为零点标高，称为（　　）。

A. 结构标高

B. 基础标高

C. 绝对标高

D. 相对标高

93. 房屋总平面图中的标高值以（　　）为单位。

A. 毫米

B. 厘米

C. 分米

D. 米

94. 房屋的建筑平面图不包括房屋的（　　）。

A. 屋顶平面图

B. 水平投影图

C. 首层平面图

D. 基础平面图

95. 能够反映出屋面排水情况的平面图是（　　）。

A. 管道平面图

B. 排水平面图

C. 顶层平面图

D. 屋顶平面图

96. 房屋的（　　）平面图用于表达房屋中间的，平面布局、构造情况完全一致的若干层的情况。

A. 基准层

B. 相同层

C. 构造层

D. 标准层

97. 在（　　）中，不应画出可见的室外散水、台阶和花台。

A. 房屋的侧立面图

B. 房屋的正立面图

C. 房屋的二层平面图

D. 房屋的背立面图

98. 在 1 号轴线之前附加轴线时，其编号分母用（　　）表示。

A. A

B. 0A

C. 1

D. 01

99. 索引出的详图如果与被索引的详图在一张图纸中，应在索引符号的下半圆中（　　）。

A. 注出详图编号

B. 注出详图所在图纸编号

C. 画一段水平粗实线

D. 画一段水平细实线

100. 详图符号中的详图编号与被索引图纸的编号均用（　　）注出。

A. 小写拉丁字母

B. 大写拉丁字母

C. 阿拉伯数字

D. 罗马数字

101. 画房屋的建筑施工图时，所画剖面图的数量（　　）。

A. 不能多于一个

B. 不能多于两个

C. 根据需要而定

D. 至少一个但不多于两个

102. 梯段长度尺寸的标注形式为（　　）。

A. 注出踏面数及梯段总长

B. 注出各踏面宽度及梯段长

C. 踏面数×踏步宽＝梯段长

D. 踏步宽×踏面数＝梯段长

103. 楼梯平面图中（　　）的梯段应画上45°的折断线。

A. 顶层的

B. 底层的

C. 标准层的

D. 被剖断的

104. 楼梯平面图中，长箭头所指的方向为（　　）。

A. 上行或下行方向

B. 上行方向

C. 文字“上”或“下”的方向

D. 下行方向

105.（　　）是梯段高度尺寸的正确标注形式。

A. 注出步级数及梯段高度

B. 注出各步级高度及步级数

C. 步级数×步级高度＝梯段高度

D. 步级高度×步级数＝梯段高度

106. 粉刷层在 1∶50 的平面图中（ ）。

A. 根据粉刷层厚度尺寸确定是否画出

B. 画与不画均可

C. 应当画出

D. 不必画出

107. 画楼梯平面详图中的踏面之前，无需先定出（ ）。

A. 平台宽度

B. 梯段长度

C. 梯段宽度

D. 栏杆长度

108. 房屋的楼层结构平面图，是用（ ）剖切后画出的。

A. 侧平面

B. 正平面

C. 铅垂面

D. 水平面

109. 楼层结构平面图中用中实线表示（ ）。

A. 可见楼板轮廓

B. 楼梯间对角线

C. 楼板下的墙身轮廓

D. 剖到的墙身轮廓

110. 楼板代号“4YKB33 - 42d”中，左边的“4”为（ ）。

A. 板厚代号

B. 板的块数

C. 板长代号

D. 板宽代号

111. 有 2 个轴的轴向变形系数相等的斜轴测投影称为（　　）。

A. 斜二测

B. 正二测

C. 正等测

D. 正三测

112. 在（　　）轴测图中，其中 1 个轴间角取 90°。

A. 正二等

B. 斜二等

C. 正等测

D. 正三测

113. 在正等轴测图中，当 2 个轴的轴向变形系数相等时，所得到的（　　）称为正二等轴测图。

A. 三视图

B. 投影图

C. 剖视图

D. 正等轴测图

114. 在（　　）中，有 1 个轴间角取 97°10′。

A. 正等轴测图

B. 正三等轴测图

C. 正二等轴测图

D. 正等轴测图

115. 在（　　）轴测图中，其中 1 个轴的轴向伸缩系数与另 2 个轴的轴向伸缩系数不同，取 0.47。

A. 斜二等

B. 正等

C. 正二等

D. 正三测

116. 为作图方便，一般取 p＝r＝1，q＝0.5 作为正二测的（　　）。

A. 系数

B. 变形系数

C. 简化轴向变形系数

D. 轴向变形系数

117. 在正二等轴测投影中，由于 3 个坐标面都与轴测投影面倾斜，凡是与坐标面平行的平面上的圆，其轴测投影均变为（　　）。

A. 圆

B. 直线

C. 椭圆

D. 曲线

118. 物体上与某直角坐标轴平行的直线，其轴测投影与相应轴测轴（　　）。

A. 倾斜

B. 垂直

C. 相交

D. 平行

119. 互相垂直的 3 个（　　）坐标轴在轴测投影面的投影称为轴测轴。

A. 倾斜

B. 交叉

C. 相交

D. 直角

120. 正等轴测图的轴间角一共有（　　）个。

A. 1

B. 2

C. 3

D. 4

121. 正等轴测图中，采用了简化的轴向变形系数画图，图形扩大了（　　）倍。

A. 1

B. 1. 5

C. 2

D. 1. 22

122. 正等轴测图的轴间角分别为（　　）。

A. 97°、131°、132°

B. 120°、120°、120°

C. 90°、135°、135°

D. 45°、110°、205°

123. 四心圆法画椭圆，小圆的圆心在（　　）。

A. 短轴上

B. 长轴上

C. 共轭直径上

D. 圆心上

124. 看懂轴测图，按绘制三视图的方法和步骤绘制（　　）。

A. 轴测图

B. 透视图

C. 效果图

D. 三视图

125. 看轴测图上的尺寸数字，要确认每个尺寸的（　）。

A. 数字大小

B. 起点

C. 方向

D. 角度

126. 轴测剖视图的 1/4 剖切，在三视图中是（　）。

A. 全剖

B. 局部剖

C. 断面

D. 半剖

127. 绘制正等轴测图时，首先在适当的位置画出相应的（　）。

A. 直角坐标系

B. 坐标轴

C. 轴测图

D. 轴测轴

128. 绘制（　），一般采用简化变形系数来绘制。

A. 左视图

B. 透视图

C. 三视图

D. 轴测轴

129. 基面法绘制（　）正等轴测图时，可先绘制其两端面的椭圆，然后画椭圆的外公切线。

A. 椭圆

B. 圆

C. 棱柱

D. 圆柱体

130. 绘制（　　）的正等轴测图时，可选用叠加法。

A. 切割体

B. 组合体

C. 圆柱体

D. 棱柱体

131. 用叠加法绘制组合体的正等轴测图，先用形体分析法将组合体分解成若干个（　　）。

A. 切割体

B. 基本体

C. 圆柱体

D. 棱柱体

132. 画切割体的（　　），可先画其基本体的正等轴测图。

A. 三视图

B. 零件图

C. 装配图

D. 正等轴测图

133. 画切割体的正等轴测图，可先画其基本体的正等轴测图，然后用（　　）逐一切割基本体。

A. 剖切平面

B. 断面

C. 辅助平面

D. 切割平面

134. 为表达物体内部形状，在（　　）上也可采用剖视图画法。

A. 物体

B. 纵剖面

C. 正平面

D. 轴测图

135. 画轴测剖视图，不论（　　）是否对称，均假想用两个相互垂直的剖切平面将物体剖开，然后画出其轴测剖视图。

A. 图形

B. 左视图

C. 正平面

D. 物体

136. 绘制轴测剖视图的方法有先画（　　）再作剖视和先画断面形状，再画投影两种。

A. 主视图

B. 透视图

C. 剖切面

D. 外形

137. 画正等轴测剖视图，可先画（　　）完整的正等轴测图。

A. 图形

B. 直角坐标系

C. 物体三视图

D. 物体

138. 画正等轴测剖视图，可先在轴测轴上分别画出两个方向的（　　），再画断面后的可见部分。

A. 投影

B. 剖视图

C. 轴测图

D. 断面

139. 画正六棱柱的正等轴测图，看不见的线（　　）。

A. 画成虚线

B. 画成点画线

C. 不画

D. 画成粗点画线

140. 画圆柱的两侧轮廓线，与（　　）相切。

A. 底圆

B. 顶圆

C. 两端面椭圆

D. 椭圆

141. 画圆锥台的正等轴测图，两侧轮廓线与（　　）。

A. 两椭圆长轴相连

B. 两椭圆相切

C. 两椭圆短轴相连

D. 两椭圆共轭直径相连

142. 用简化画法画带圆角底板的正等轴测图时，圆角圆弧的圆心在长轴时是(　　)。

A. 小圆弧

B. 大圆弧

C. 大、小圆各 1/2

D. 大、小圆各 1/4

143. 画组合体的正等轴测图，均需对组合体进行（　　）。

A. 形体分析

B. 轴测轴分析

C. 相交性质分析

D. 叠加形式分析

144. 表示零件中间折断或局部断裂时，断裂的边界线应画成（　　）。

A. 细实线

B. 波浪线

C. 点画线

D. 双折线

145. 当剖切面通过肋板的纵向对称面时，这些结构可用（　　）表示。

A. 剖面线

B. 粗实线

C. 涂黑

D. 细点加以润饰

146. 画开槽圆柱体的正等轴测图一般采用切割法，先画出圆柱两端面的（　　）。

A. 侧面

B. 三视图

C. 俯视图

D. 椭圆

147. 画开槽圆柱体的正等轴测图，首先画出（　　）上下端面的椭圆及槽底平面的椭圆。

A. 槽

B. 三视图

C. 俯视图

D. 圆柱

148. 画支架的正等轴测图，一般采用叠加法，先在（　　）上画出坐标系。

A. 主视图

B. 圆

C. 俯视图

D. 投影图

149. 画支架的正等轴测图，一般采用叠加法，画出各基本体的（　　）。

A. 主视图

B. 三视图

C. 投影图

D. 正等轴测图

150. 正等轴测图由于作图简便，3 个方向的表现力相等，是最常用的一种绘制（　　）的方法。

A. 三视图

B. 平面图

C. 剖视图

D. 轴测图

151. “四心法”画椭圆，要准确定出（　　）间的分界点是绘制椭圆的注意点。

A. 坐标轴

B. 坐标面

C. 圆

D. 圆弧

152. 图纸管理系统可以对成套图纸按照指定的路径自动搜

索文件、提取数据、建立（　　）。

A. 产品树

B. 产品说明书

C. 零件目录

D. 零件明细表

153. 产品树的作用是（　　）产品的装配关系。

A. 设计

B. 反映

C. 计算

D. 审核

154. 产品树中的根结点应是产品的（　　）。

A. 效果图

B. 示意图

C. 装配简图

D. 装配图

155. 产品树由（　　）构成。

A. 主要结点和次要结点

B. 前面结点和中间结点

C. 根结点和下级结点

D. 中间结点和后面结点

156. 产品树中的（　　）是指根结点或下级结点。

A. 配件

B. 组件

C. 标准件

D. 专用件

157. 对成套图纸进行管理的条件是：图纸中必须有反映产

品（　　）的装配图。

A. 装配质量

B. 装配关系

C. 装配精度

D. 装配要求

158. （　　）系统中，统计操作对产品树中的数据信息进行统计。

A. 产品管理

B. 图形管理

C. 文件管理

D. 图纸管理

159. （　　）系统中，查询操作对产品树中的数据信息进行查询。

A. 图纸管理

B. 文件管理

C. 图形管理

D. 产品管理

160. （　　）系统中，显示操作是以文本方式显示产品树的信息。

A. 产品管理

B. 文件管理

C. 图纸管理

D. 图形管理

得　分	
评分人	

二、判断题（第 161 题～第 200 题。将判断结果填入括号中。正确的填"√"，错误的填"×"。每题 0.5 分，满分 20 分。）

161.（　）道德可以用来评价人们思想言行善恶荣辱的标准以及个人思想品质和修养的境界。

162.（　）社会上有多少种职业，就存在多少种职业道德。

163.（　）忠于职守就是要求制图人员忠于制图员这个特定的工作岗位，自觉履行制图员的各项职责，保质保量地完成承担的各项任务。

164.（　）团结协作就是要顾全大局，要有团队精神。

165.（　）制图国家标准规定，图纸优先选用的基本幅面代号为 5 种。

166.（　）图纸中斜体字字头向左倾斜，与水平基准线成 75°角。

167.（　）建筑剖面图中，被剖墙体的断面轮廓线不是用中实线绘制。

168.（　）虚线、点画线与其他图线相交时，可在线段处相交，也可在间隙处相交。

169.（　）图样中尺寸数字不可被任何图线所通过，当不可避免时，必须把图线断开。

170.（　）角度尺寸的标注方法与线性尺寸标注方法相同。

171.（　　）平行投影法分为正投影法和斜投影法两种。

172.（　　）中心投影法是投射线相互平行的投影法。

173.（　　）WORD是目前我国比较流行计算机绘图软件。

174.（　　）计算机绘图的方法分为屏幕绘图和绘图机绘图两种。

175.（　　）房屋施工图按其用途的不同分为建筑施工图、结构施工图和设备施工图。

176.（　　）表达房屋基础的图样包括在该房屋的结构施工图中。

177.（　　）室外排水系统施工图中需画出管道的纵断面图。

178.（　　）工资一般包括计时工资、计件工资、奖金、津贴和补贴、延长工作时间的工资报酬及各种医疗费、保健费、工伤赔偿金等。

179.（　　）投影面垂直面变换为投影面平行面时，设立的新投影轴必须垂直于平面积聚为直线的那个投影。

180.（　　）球体的表面可以看作是由一条直线绕其直径回转而成。

181.（　　）剖面图中剖切面的种类分为全剖、半剖、局部剖3种。

182.（　　）移出断面图和重合断面图均画在图形里边。

183.（　　）目标（工具点）捕捉，就是用鼠标对坐标点进行搜索和锁定。

184.（　　）计算机绘图时，不同的图层上设置相同的线型和颜色。

185.（　　）用绘图命令所画的图形就绘制在当前层上。

186. (　　) 用计算机绘图时，视窗缩放命令只能改变图形显示状态，而要改变实体的实际尺寸需用编辑缩放命令。

187. (　　) 1∶500 是绘制建筑总平面图的常用比例。

188. (　　) 总平面图中绘制的台阶图例中，箭头的指向表示向上的方向。

189. (　　) 房屋总平面图中的尺寸单位是毫米。

190. (　　) 应在详图符号的上半圆内注明详图编号，下半圆内注明被索引图纸的编号。

191. (　　) 斜二轴测图的轴向变形系数均为 0.82。

192. (　　) 在三视图中与轴测投影面平行的平面上的圆，在轴测投影上为圆。

193. (　　) 四心圆法画椭圆的方法可用于斜二轴测投影中。

194. (　　) 正等轴测图的三个轴间角均为 120°。

195. (　　) 在正等轴测图中，采用简化轴向变形系数时，平行于坐标面的椭圆的短轴等于圆的直径。

196. (　　) 轴测剖视图一般情况下都是局部剖。

197. (　　) 基面法适合绘制棱柱或圆柱体的投影图。

198. (　　) 投影图的 X 轴与轴测图的 Y 轴要对应，才能绘制轴测图。

199. (　　) 沿轴测量是绘制剖视图的要领。

200. (　　) 图纸管理系统中，自动生成产品树的第一步是建立产品目录集。

职业技能鉴定国家题库
制图员（中级）理论知识试卷答案
（土建类）

一、单项选择（第1题～第160题。选择一个正确的答案，将相应的字母填入题内的括号中。每题0.5分，满分80分。）

1.B 2.B 3.C 4.D 5.A 6.A 7.A 8.B 9.B 10.D
11.D 12.C 13.B 14.A 15.A 16.A 17.D 18.D 19.A
20.B 21.D 22.B 23.D 24.B 25.C 26.C 27.D 28.D
29.B 30.B 31.D 32.D 33.B 34.B 35.B 36.B 37.B
38.B 39.B 40.C 41.A 42.C 43.A 44.A 45.C 46.A
47.C 48.D 49.C 50.B 51.B 52.C 53.A 54.D 55.B
56.B 57.A 58.C 59.C 60.A 61.A 62.A 63.C 64.B
65.A 66.D 67.B 68.D 69.B 70.D 71.B 72.B 73.C
74.A 75.C 76.C 77.C 78.C 79.C 80.B 81.A 82.B
83.B 84.C 85.B 86.D 87.A 88.C 89.D 90.C 91.D
92.D 93.D 94.D 95.D 96.D 97.C 98.D 99.D 100.C
101.C 102.D 103.D 104.C 105.D 106.D 107.D
108.D 109.D 110.B 111.A 112.B 113.D 114.C
115.C 116.C 117.C 118.D 119.D 120.C 121.D
122.B 123.B 124.D 125.B 126.D 127.D 128.D
129.D 130.B 131.B 132.D 133.D 134.D 135.D
136.D 137.D 138.D 139.C 140.C 141.B 142.A

143. A　144. A　145. D　146. D　147. D　148. D　149. D
150. D　151. D　152. A　153. B　154. D　155. C　156. B
157. B　158. D　159. A　160. C

二、判断题（第 161 题～第 200 题。将判断结果填入括号中。正确的填“√”，错误的填“×”。每题 0.5 分，满分 20 分。）

161. √　162. √　163. √　164. √　165. √　166. ×　167. √
168. ×　169. √　170. ×　171. √　172. ×　173. ×　174. ×
175. √　176. √　177. √　178. ×　179. ×　180. ×　181. ×
182. ×　183. ×　184. ×　185. √　186. √　187. √　188. ×
189. ×　190. √　191. ×　192. ×　193. ×　194. √　195. ×
196. ×　197. ×　198. ×　199. ×　200. ×

《国家职业技能鉴定理论知识考试复习指导丛书》

*摄影师（初）12.00元
*摄影师（中）12.00元
*摄影师（高）16.00元
*调酒师（初）12.00元
*调酒师（中）14.00元
*调酒师（高）16.00元
修脚师（初）12.00元
修脚师（中）14.00元
修脚师（高）16.00元
制图员（初）12.00元
制图员（中）14.00元
制图员（高）16.00元
音响调音员（初）12.00元
音响调音员（中）14.00元
音响调音员（高）16.00元
*加工中心操作工（中）14.00元
*加工中心操作工（高）16.00元
*眼镜定配工（初）12.00元
*眼镜定配工（中）14.00元
*眼镜定配工（高）16.00元
*眼镜验光员（初）12.00元
*眼镜验光员（中）14.00元
*眼镜验光员（高）16.00元
前厅服务员（初）12.00元
前厅服务员（中）14.00元
前厅服务员（高）16.00元
营养配餐员（中）14.00元
营养配餐员（高）16.00元
*组合机床操作工（初）12.00元
*组合机床操作工（中）14.00元
*组合机床操作工（高）16.00元
*贵金属首饰手工制作工（初）12.00元
*贵金属首饰手工制作工（中）14.00元
*贵金属首饰手工制作工（高）16.00元

《职业技能鉴定国家题库——操作技能考试手册》

*摄影师（初）12.00元
*摄影师（中）14.00元
*摄影师（高）16.00元
修脚师（初）12.00元
修脚师（中）14.00元
修脚师（高）16.00元
制图员（初）12.00元
制图员（中）14.00元
制图员（高）16.00元
*加工中心操作工（中）14.00元
*加工中心操作工（高）16.00元
音响调音员（初）12.00元
音响调音员（中）14.00元
音响调音员（高）16.00元
前厅服务员（初）12.00元
前厅服务员（中）14.00元
前厅服务员（高）16.00元
*装配钳工（初）12.00元
*装配钳工（中）14.00元
*装配钳工（高）16.00元
*贵金属首饰手工制作工（初）12.00元
*贵金属首饰手工制作工（中）14.00元
*贵金属首饰手工制作工（高）16.00元

标注加“*”的为国家就业准入职业。